城市转型与住区形态

——中国式城市人居的建构

Urban Transformation and Neighborhood Morphology: Building Chinese Urban Settlement

窦强 著

中国建筑工业出版社

图书在版编目（CIP）数据

城市转型与住区形态——中国式城市人居的建构／窦强
著．— 北京：中国建筑工业出版社，2014.6
ISBN 978-7-112-16705-0

Ⅰ．①城…　Ⅱ．①窦…　Ⅲ．①居住区 — 城市规划 — 研
究 — 北京市　Ⅳ．①TU984.12

中国版本图书馆CIP数据核字（2014）第068859号

　　在全球化和三十多年社会经济高速持续发展的大背景下，中国的城市正经历着前所未有的大发展和转型。作为城市主要构成部分的居住区的迅猛建设正改变着中国城市人居的面貌。当房地产商和设计师们忙于营造一片片的城市新住区时，深入的总结与反思是十分必要的。

　　针对当前伴随中国城市转型的住区形态演化的问题，即从计划经济时期的小区到市场化下"门禁"社区的形态演化问题，本书从城市形态学研究的视角，整合类型形态学、建成形式分析和空间句法构型分析方法，采用与人们生活紧密关联的中微观尺度以北京为例，对住区形态演化进行了系统的实证研究。通过研究，试图揭示出不同时期住区形态发展演化的特征规律、社会根源，以及城市转型和住区形态演化对于中国式城市人居建构的社会意义。

　　本书为读者提供了一个对中国现代住区规划设计反思的平台，进而为未来的住区规划设计的发展提供参照。同时，本书所使用的一套系统科学的住区形态研究手段，可以进一步应用到对新的住区形态问题的研究中。从城市形态构建研究的角度，本书也将有助于对当代中国城市文化与城市转型的解读。

责任编辑：郭洪兰
责任设计：董建平
责任校对：姜小莲　关　健

城市转型与住区形态——中国式城市人居的建构
窦强　著
＊
中国建筑工业出版社出版、发行（北京西郊百万庄）
各地新华书店、建筑书店经销
北京京点图文设计有限公司制版
北京中科印刷有限公司印刷
＊
开本：880×1230毫米　1/20　印张：9　字数：185千字
2015年4月第一版　2015年4月第一次印刷
定价：**40.00**元
ISBN 978-7-112-16705-0
　　　　（25467）

前　言

　　2002 年初到英国留学的时候，也许和许多有留学经历的建筑同仁一样，对笔者触动最大的不是在城市中浮现出的具有新颖造型的标志性公共建筑，而是与中国大不相同的城市文化和与之对应的城市形态与肌理。此外，相比之下，正在经历的从计划经济到市场经济的快速转型，伴随房地产业的兴起，城市建设迅猛发展而大批量建设的中国城市商品住宅区，与当时欧洲城市平缓渐进的发展模式形成的巨大反差也令人印象深刻，触动极大。

　　几年后，在英国伦敦大学空间句法实验室进行博士研究期间，笔者接触了建筑与城市形态学的理论方法，尤其是对于空间句法的学习为笔者提供了对于建筑与城市空间分析解读的独特视角和方法。在文献阅读的过程中，西方学者对于现代主义住区规划设计的批判，特别是空间句法创始人比尔·希利尔（Bill Hillier）教授早期的一篇名为"反对围合"（Against Enclosure）的檄文，还有当时西方学术界对于门禁社区（gated community）的论辩，最终引发了笔者对于中国城市转型背景下从计划经济时期的具有现代主义思想的小区规划设计到市场化下的门禁社区规划设计的转变重新进行审视与思考，并在本人的博士论文中，以整合城市形态学的理论方法对北京住区形态的演化进行了系统的实证研究。

　　2009 年回国后，虽计划将博士论文加工修改出版成书，但由于各种原因一直延宕至今。其间，笔者虽已将部分研究成果在建筑学报等刊物发表，但总觉得还是完整地展现研究的成果会更有助理论研究的深化和实践的应用，遂经再加工、改写而成本书。

　　本书力求清晰易懂，以一种客观、国际化的多维视角，对中国当下的城市转型与住区形态的问题进行审视，并通过对具体事实的剖析来揭示出隐藏在现象背后的规律。从城市研究的角度来说，通过对当代城市空间文化与城市转型的解读，希望本书能够为读者提供一个对中国现代住区规划设计反思的平台，进而为未来中国的住区规划设计有所助益。书中所采用的一套系统科学的住区形态研究手段，也可以进一步应用到对新的住区形态问题的研究中，在应用中不断完善。最终，希望通过本书的学术话语能够为推动中国城市住区规划设计的演进与中国城市人居建设的可持续发展作出笔者一份微薄的贡献。

作者
2014 年 2 月于北京

目 录

绪　论

0.1 城市转型与住区形态的问题

在人类社会的发展中，从农业社会到工业社会再到信息社会，作为人类聚居地的城市历经了一次次的转型。可以说，城市转型是城市发展、存在的必经之路，但与此同时也在不断面对和解决转型中的问题。对于城市建筑的规划设计者来说，其中的一个重要的问题就是对于城市住区形态的选择。这是因为，住区是城市的主要组成部分，也是城市扩张或者更新的主要对象，住区形态对于城市肌理和空间的塑造起着关键的作用，同时对于人们的日常生活有着深刻的影响。

就西方发达国家的历史经验而言，在第二次世界大战后由于受到战后复兴和当时住房短缺的驱动，按照现代主义建筑与城市规划理论建造了一批完全不同于此前传统住区形态的由公营社会住宅构成的大规模现代住宅区。这些住区的形态秉承了诸如以现代主义建筑大师勒·柯布西耶为代表的现代主义城市建设思想。在当时被视为典范的案例有始于 20 世纪 50 年代的位于美国密苏里州圣路易斯的"普鲁蒂·艾戈"（Pruitt Igoe，由设计纽约世贸中心双塔的日裔美籍建筑师雅马萨奇设计）（图 0.1.1），位于英国谢菲尔德的公园山（Park Hill）项目（图 0.1.2），还有就是位于荷兰阿姆斯特丹东南新城的拜尔美米尔住区（Bijlmermeer）（图 0.1.3）。

尽管这些城市住区在规划设计上的初衷是好的，且颇具良好的社会理想，但随着时间的推移，这些住区在使用过程中出现了许多社会问题，很快便沦为城市"贫民

图 0.1.1 美国密苏里州圣路易斯普鲁蒂·艾戈航拍照片　　　　图 0.1.2 英国谢菲尔德的公园山（Park Hill）项目内景

图 0.1.3　荷兰阿姆斯特丹东南新城拜尔美米尔住区（Bijlmermeer）（左，平面；右，鸟瞰）

窟"和犯罪的巢穴。最终，这些住区不是被彻底拆除，就是被废弃等待重建或改造。1972 年普鲁蒂·艾戈被炸毁的照片（图 0.1.4），被作为宣判现代主义建筑主导的城市规划设计失败的见证而流传于世。针对现代主义住区形态的问题，西方学者曾在 20 世纪 70 年代进行了反思 [1]，从现代主义的试错中汲取经验，为此后的修正提供了基础。

　　进入到 20 世纪 80 年代，西方社会又面临新的转型。伴随着工业的衰退、信息化的发展和城市私有化的加强，出现了城市空心化，大量私人住房建设伴随城市的蔓延，在美国形成了大片以独户私人住宅为主的郊区住宅，然而由此形成的住区形态以今日之新理念判断，其又是一种不可持续发展的模式。进入到 20 世纪 90 年代末，由私人住宅开发形成的住区形态出现了新的问题，引发了关于"门禁社区"（gated community）模式的论辩，并一直延续至今，成为在 21 世纪初世界众多城市所面临的新的住区形态问题。

　　在《美国堡垒：门禁社区在美国》一书中 [2]，作者将门禁社区定义为具有指定边界，通常是围墙或围栏，并对入口进行管控以限制非本区居民进入的住宅区。从政治经济学角度，韦伯斯特（Webster）将门禁社区视为一种与其他类型专有社区（如大型购物中心、私营商务园区）并行的"专有居住社区"（proprietary residential community）。[3]

图 0.1.4　1972 年普鲁蒂·艾戈被炸毁

[1]　详细阐述见本书第 1 章。

[2]　Blakely, E. J. and M. G. Snyder. Fortress America: Gated Communities in the United States. Washington, D.C., Brookings Institution Press, 1997.

[3]　专有社区是由私人所有和私人管理的地产，其中的住户或企业共享一定的公共设施，其使用支付的方式是通过租金、服务费或其他方式。

在美国，最早的门禁社区模式可以追溯到 19 世纪末，在应对快速工业化并针对富人的高档住宅开发中。如位于纽约的 Tuxedo Park 和圣路易斯的私家街道。在 20 世纪 60 年代末，出现了退休者门禁社区（gated retirement communities）。此后门禁模式出现在度假胜地和乡村俱乐部的开发中，继后在 70 年代至 90 年代的中产阶级郊区开发中也被使用。

继美国之后，在全球化时代的今天，门禁社区的营造已成为具有地方差别的全球现象。[1] 在拉丁美洲的大城市，如圣保罗和布宜诺斯艾利斯，门禁社区被营造成"设防的飞地"（fortified enclaves）和"财富的岛屿"（islands of wealth）。[2] 在后种族隔离的南非城市，如约翰内斯堡，在对社会和种族加以隔离的门禁开发设有极为严格的安防措施。[3] 在沙特阿拉伯，门禁住区（gated housing estate）供大家族和外籍工作者居住。[4] 在东南亚国家，如印度尼西亚，门禁社区为日益扩大的上层和中产阶级而建设。[5] 在英国，根据一项研究的统计，在英格兰大约有超过 1000 个门禁社区，其通常规模都较小，从 51 户到 150 户不等。[6]

在美国，尤其是在欧洲，门禁社区作为一种私有社区发展形式常常被视为一种有争议的，对传统开放的公共住区形态的替代。当下对于门禁社区问题的讨论已经涉及不同的领域，如城市规划设计、地理学、人类学、社会学和政治经济学。争辩的一方关注"门禁"和"私有化"所带来的负面影响。城市批评家把门禁社区开发视为对公共空间和市民生活的威胁。社会评论家认为，门禁社区的兴起会强化社会排斥（social

[1] Webster, C., G. Glasze, et al. The global spread of gated communities. Environment and Planning B, 2002, 29(3): 315–320, 2002.

[2] Caldeira, T. P. R. 1999. Fortified enclaves: the new urban segregation. Cities and Citizenship. J. Holston. London, Duke University Press: 114–138. Coy, M. and M. Pohler 2002. Gated communities in Latin American megacities: case studies in Brazil and Argentina. Environment and Planning B 29: 355–370.

[3] Jurgens, U. and M. Gnad. Gated Communities in South Africa: Experience from Johannesburg. Environment and Planning B, 2002, 29: 337–353.

[4] Glasze, G. and A. Alkhayyal. Gated housing estates in the Arab world: case studies in Lebanon and Riyadh, Saudi Arabia. Environment and Planning B, 2002, 29: 321–336.

[5] Leisch, H. Gated Communities in Indonesia. Cities, 2002, 19(5): 341–350.

[6] Atkinson, R., S. Blandy, et al. 2005. Gated cities of today? Barricaded residential development in England. Town Planning Review 76(4): 401–422.

exclusion）和社会不平等，并增加社会隔离（social segregation）。作为一个极端的例子，迈克·戴维斯（Mike Davis）对于"堡垒洛杉矶"（Fortress Los Angeles）的批判，描绘了一个悲观的由当代政治经济体制重构的不平衡影响所造成的具有门禁社区和其他设防城市环境的后现代城市场景。[1] 如戴维斯所描述的，"我们确实正生活在堡垒城市中，其被粗暴的划分为富人的'设防单元'和有警察与犯罪的穷人激战的'恐怖场所'。"

相比之下，争辩的另一方则关注其积极方面。从政治经济学的视角，韦伯斯特试图解释门禁社区开发模式作为一种市政设施和公共服务分配的私有机制的高效性。一项美国的研究认为，私有住区的开发可以产生高效的土地划分和多元化的住房设计。[2] 在效益方面，韦伯斯特认为：对于居民，门禁开发可以提供更多的安全措施，更高质量环境基础设施和更好的对于城市服务的选择；对于开发商来说，可以创造附加值和更创新的产品来满足市场的需求；同时，对于地方政府，可以在降低公共成本的同时增加税收。此外，门禁社区的开发甚至可以产生一定的社会和环境效益。例如在英国，门禁的高密度城市中心居住模式可以鼓励富人返回到城市中心居住。

0.2　反思中国

与西方发达国家相比，在社会文化和国情体制上中国则与其不尽相同，因此对于中国城市转型与住区形态的问题的探究必须基于中国特有的文化历史与社会环境语境。但无论是对现代主义失败的批判还是对于门禁社区兴起的质疑，这些在西方发达国家城市转型过程中所遇到的住区形态选择的问题同样值得我们去进行反思。

1949 年新中国的成立可作为中国的现代城市转型的重要节点。当时按照计划经济体制和社会主义思想原则，福利制度与城市住房租赁体系被迅速地建立起来，于是住

---

[1] Davis, M. . Fortress L.A. City of quartz : excavating the future in Los Angeles. London, Verso, 1990, 223-263. Davis, M. Fortress L.A.: the militarization of urban space. Variations on a Theme Park: The New American City and the End of Public Space. M. Sorkin. New York, Noonday Press:1992, 154-180.
[2] Ben-Joseph, E. "Double Standards, Single Goal: Private Communities and Design Innovation." Journal of Urban Design 9(2): 2004, 131-151.

房成为了福利产品，通过单位的行政组织来分配给个人。1980 年后社会主义计划商品经济改革启动，直到 20 世纪末完成了从社会主义计划经济向市场经济和住房商品化的重要转型。以北京为例，在 1998 年大约有 80% 的家庭拥有了私人住宅，这一比例较许多发达国家都要高出很多。[1] 同时，开发商和物业管理公司承担起提供住区配套和基础设施及服务的责任。如果以 1949 年以前的私有住房为参照，这种转变可以被视为从"去商品化"（de-commodification）到居住空间的"再商品化"（re-commodification）的过程。[2] 在仅半个世纪时间里，中国经历了快速翻转式的城市转型，这是西方发达国家所未曾出现的。

在计划经济时期，为了应对城市经济与人口的快速增长所带来的住房需求，中国城市兴建了大量以"居住小区"为单元的具有现代主义建筑和城市规划设计特征的城市新住宅区。但与西方发达国家的经历不同，这些现代住宅区既没有成为贫民窟也没成为犯罪的巢穴，大部分现今依然屹立，并成为中心城区仍具活力的成熟社区。

在市场经济背景下，伴随着房地产业的兴起和城市化进程的加速，新一轮城市住宅建设则被大量私有的住房开发项目所取代，其规模史无前例。与计划经济时代的公营住宅小区模式明显不同的是，新的私有住区开发通常采用门禁社区的模式或一般所说的"封闭住区"模式。这些私有住区开发大多设有保安守卫的大门和边界围栏，同时响应政府"社区建设"的号召，在项目开发的广告宣传手册中经常看到对封闭管理和配套完善"社区"的标榜。

在现今的中国，门禁社区已不是特例而是当下众多中国城市居民每天所生活的人居环境。在规模尺度上，中国门禁社区通常具有比美国门禁社区要大很多的用地和人口密度。此外，与美国门禁社区孤岛式的格局不同，中国门禁社区已经成为城市住区开发建设的基本单元。此外，在中国大城市，门禁社区开发还会与其他专有

---

[1] Moran, J. "Housing a New Social Order." RSPAS Quarterly Bulletin. 网址：http://rspas.anu.edu.au/qb/articles, 2003, 4(4): 3-6.

[2] Davis, D. S. From welfare benefit to capitalized asset: The re-commodification of residential space in urban China. Housing and social change : East-West perspectives. R. Forrest and J. Lee. London, Routledge, 2003.

社区，如大型购物中心、教育医疗乃至高尔夫球场等健康休闲设施形成聚集效应。[1] 这种规模化的聚集正将中国城市塑造成为正如韦伯斯特所提出的"明日门禁城市"（gated cities of tomorrow），[2] 也就是说，"整个城市完全由私有提供的公共空间和设施构成，形成空间性的俱乐部领域与非空间性的俱乐部领域的相互交织拼接"。另外，韦伯斯特认为，就"私有化城市"和"专有社区"这两个概念及其对于开发者和居民的吸引力而言，"明日门禁城市"与霍华德在 19 世纪末提出的田园城市相似。

　　"如果霍华德生活在一个世纪以后的中国或印度尼西亚——面临着许多同样曾困扰过 19 世纪后期英国问题的新兴工业化国家——他可能已经发明了门禁城市，专有郊区或共管公寓大楼。他是个会讨民众欢心的人，能很快看到居住俱乐部的巨大的中产阶级市场……他是一个实用主义者，如果有可供出售的想法，无疑会为低收入和中上阶层同时发明创新的住房计划。他会考虑到为给国家繁荣带来大量财富的中上阶层提供舒适都市生活的重要性，因为这是贫困持续减少的前提条件。"

（韦伯斯特 2001）

0.3　研究目标与途径

　　纵观历史，城市发展的过程伴随着城市住区形态的演化，当发生新的城市转型时就会出现新的住区形态选择的问题。面对这些问题，不能够仅凭想象和意识形态来判断，而是需要建立在对历史经验的总结汲取和对问题客观的科学系统研究之上，否则简单地套用某种模式，就会重蹈 20 世纪现代主义在西方国家失败之困局。同时，在当今全球化的时代大背景下，应注意到住区形态的问题在不同社会文化环境下既存在着共性也有差异，因此必须将研究根植于特定的语境下。

---

[1] Giroir, G. "Gated communities, clubs within a club system: The case of Beijing (China)." 20 Jan 2004.

[2] Webster, C. "Gated Cities of Tomorrow." Town Planning Review 72(2): 2001, 149-169.

　　本书是针对中国城市转型与住区形态问题的研究，具体说是针对与 20 世纪末从社会主义计划经济向市场经济转型相伴随的城市住区形态演化的问题，也就是从公营现代小区到私有门禁社区的形态演化问题。与既有的对于中国城市小区和门禁社区规划设计的研究不同，本书以城市形态学作为研究视角，整合建成形态的类型形态分析方法和空间句法的构型分析方法，在与人们生活紧密关联的中微观尺度上对现实中的住区形态进行系统的实证研究分析。通过研究，试图回答以下三个呈递进关系的问题：一、不同时期住区形态的特征规律、规划设计思想和对于人们日常生活使用的潜在影响；二、不同时期住区形态是如何发展演化的；三、城市转型与住区形态发展演化的社会意义。

　　本书的实证研究主要以北京城市住区形态演化为对象，之所以选取北京地区，悉因在新中国各个发展阶段的特征在这里表现得最为完整，因此更具典型意义。按照城市建设和社会经济发展的不同阶段，选取 6 个先后建设于计划经济时期（1949～1998）的公营小区案例和 9 个在市场经济下或住房改革后（1998 至今）基于房地产开发的私有门禁社区案例进行个案和跨案例比较研究。这些案例都是伴随城市发展、扩张作为当时的城市新区开发、建设的。此外，还选取了一个传统住区案例作为历史基准或研究的参照。在 6 个公营小区案例中，前 3 个是在 1978 年改革开放前以单位集资的形式建设的，后 3 个则是基于全面综合规划进行开发建设的。这 6 个案例可看作是中国城市小区规划设计模式的起源、形成和发展演变的典型例证。而本书所选择的 9 个门禁社区案例则属于城市边缘大型居住集团或新城，大部分案例的住房于 2003 年前已在市场上出售，其主要居住人群系中间阶层和高收入者。当然，总共这 16 个案例（图0.3.1）并不能够代表所有现存的住区形态，但这些案例构成了一组典型而翔实的城市住区细胞的切片，并共同勾勒出一幅住区形态演化的运作谱系。

　　实证研究主要的原始数据主要包括住区的规划设计平面图，其经进一步加工处理成可以比对的格式和用于分析的其他形式图示。与此同时，建筑图纸、照片和一些调查资料作为补充素材。对于早期的小区案例，其原始数据是通过期刊、书籍和实地考察获得的；私有门禁住区案例的原始数据主要是从相关的建筑设计公司或机构获得，辅以从开发商提供的网站信息、售楼书和实地考察获得的信息资料。

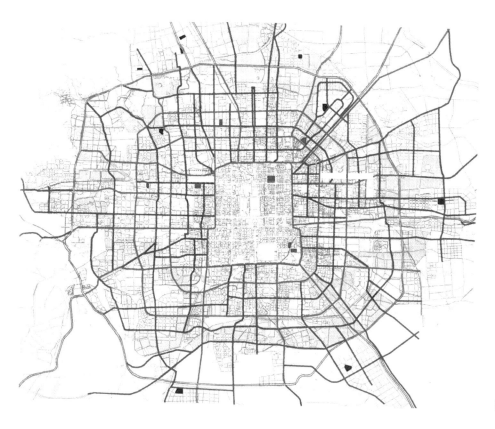

图 0.3.1　实证研究案例的位置图

0.4　本书结构

　　全书主要由八个章节构成。前三章是对本书所涉及的研究课题、相关理论和方法的论述。第一章对在世界范围内对现代住区形态发展有重大影响力的三个现代住区规划设计范式进行了综述，并对业界对其质疑和批判进行了探讨；第二章针对门禁社区的国际化讨论分别从文化、政经和社会视角对相关问题进行了系统的梳理，由此形成理论分析的框架，并对中国门禁社区现象进行了相应解读；第三章则对本书实证研究所采用的相关城市形态分析理论方法进行了论述，并对具体的途径方法进行了界定。

　　第四章到第七章是对实证研究成果的阐述，也是本书的核心部分。在第四章中，按照历史的时序，对传统住区和北京地区 6 个计划经济时期的统建居住小区案例进行了个案解析研究，揭示出由小区规划设计模式的形成和发展所带来的城市街区解体的过程。第五章对北京地区 9 个市场经济条件下的门禁社区案例分别进行了深入的剖析，以透视中国门禁社区所特有的超级街区形态。

在第四、五章的个案研究基础上，第六章先是从建成形式的角度对住区形态演化进行了跨案例的比较分析，阐释了演变与沿承的特征规律，随后在第七章，以空间句法的分析手段对案例进行了深入细致的比较分析，对住区形态在空间构型上所表现出来的对传统住区形态背离与回归并存的演化特征规律进行了总结。

基于实证研究的成果并结合相关理论，第八章综合论述了中国城市转型和住区形态演化对于建构中国式城市人居的文化、政治、经济与社会意义，在更深的层面对市场经济条件下门禁社区营造的内涵进行了反思。

建立在回望历史和反思现实的基础上，在最后的结语中，针对当下的问题，对未来中国可持续城市住区的规划设计前景进行了展望。

第一章

现代住区规划设计范式

城市形态特别是其空间文化可以被理解为规划设计的结果，同时也需要社会解读。通过规划设计，社会信息被编码成形式与空间，然后通过人们的使用和体验来进行获取。因此，通过设计思想的基本认知将有助于形态学的研究。就住区形态的演化而言，有必要在这里首先对三个产生于 20 世纪并对世界许多国家的现代住区规划设计有过深刻影响的范式进行简要的回顾，即邻里单元、现代主义和新都市主义的规划设计范式。

1.1 邻里单元规划设计范式

邻里单元（Neighborhood unit）的范式可以被视为现代住区规划设计的基础。这一范式的主要思想是由克劳伦斯·佩里（Clarence Perry）于 1929 年在纽约及其环境的区域调查报告中系统提出的[1]，其主要是针对当时越来越多的汽车使用，新兴的大规模住宅建设和日益增加的对改善居住环境品质的需求问题。佩里为组织家庭生活的统一独立的住区单元或邻里单元提出了 6 个一般性原则建议：1）每个单元应该具有可以支持一所小学的人口规模；2）单元的边界由环绕的城市干道界定；3）单元应提供足够的用于休闲的开放空间；4）学校和其他公共建筑物作为焦点应位于单元的中部；5）购物设施应聚集在单元的周边，特别是在周围干道的交叉口；6）内部街道布局应支持区内交通循环，同时防止过境交通（图 1.1.1）。

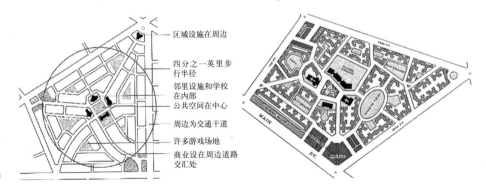

区域设施在周边

四分之一英里步行半径

邻里设施和学校在内部

公共空间在中心

周边为交通干道

许多游戏场地

商业设施在周边道路交汇处

图 1.1.1 体现邻里单元规划设计原则的图示（左）和设想的以公寓楼为主的邻里单元平面（右）

[1] Perry, C. The Neighbourhood Unit: from the regional survey of New York and its environs, Routledge/Thoemmes Press, 2003.

支撑这些原则的意图是创造独特的居住环境，可以为普通家庭生活提供使用方便的设施，并且能够保护居民尤其是儿童免于因快速交通引发的危险。同时，这些原则意在通过鼓励面对面的接触和建立视觉标识来支持社区意识的形成。路易斯•芒福德（Lewis Mumford）认为邻里单元相当于现代的中世纪教区。[1]

在美国，早期应用邻里单元原则的一个实际案例是 1928 年在新泽西规划建设的新城 Radburn。其一共由五个邻里单元构成（图 1.1.2）。[2] 然而在 Radburn 新城的规划设计中以其构成邻里单元的超级街区（super-blocks）的布局设计最为著名（图 1.1.3）。为了完全分离步行与车行，车辆的进出被限制在超级街区外围的尽端路并与每户住宅的车库连接，在街区内部则形成一个连接住宅入口、中央公园和公共设施的步行网络区域。

图 1.1.2　美国 Radburn 新城的
规划设计及鸟瞰

在 20 世纪 60 年代初的英国，针对日趋严重的交通问题，Radburn 超级街区的构想被建议作为一个切实可行的解决方案来实现＂环境区域＂（environmental area）的构想，身居其中的人们可以自由的生活、工作、购物、游走而免受机动车交通的危害。[3]

[1]　Mumford, L. In defense of the neighbourhood. Urban Housing. W. L. C. Wheaton, G. Milgram and M. E. Meyerson. New York, Free Press, 1966. 114-125.

[2]　Stein, C. S. Toward new towns for America. Cambridge, M.I.T. 1966.

[3]　Buchanan, C. Traffic in Towns: A study of the long term problems of traffic in urban areas. London, Her Majesty's Stationery Office, 1963.

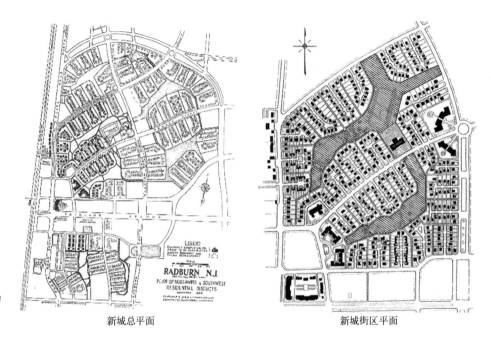

**图 1.1.3　美国 Radburn 新城的
超级街区平面图**

新城总平面　　　　　　　　　　　新城街区平面

1.2　现代主义规划设计范式

　　现代主义的范式是一个以建筑设计为导向的范式。这一范式中的一些有影响力的想法来源于现代主义大师勒·柯布西耶（1929）。主要包括建在公园般的环境中的高层塔楼，不同功能区的界定，不同交通方式的层级和分离。这些想法作为回应 20 世纪初过分拥挤的工业化城市所产生的问题以及交通工具和建造技术的快速发展，集中体现在柯布西耶所畅想的容纳 300 万人口的理想城市"光辉城"（Radiant city）（图 1.2.1）。[1]

　　与柯布西耶的构想相并行，20 世纪 30 年代前后由德国包豪斯学校，特别是其创始人沃尔特·格罗皮乌斯所提出的一些设想同样对现代住区规划设计有深刻的影响。从

[1]　Corbusier, L. The city of to-morrow and its planning. London, Architectural Press. 1947.

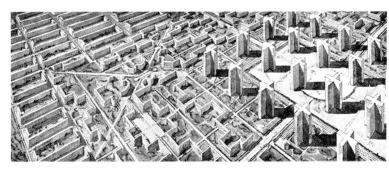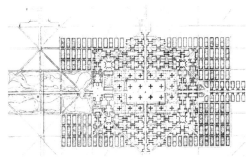

图 1.2.1　勒·柯布西耶设想的"光辉城"（Radiant city）（左为鸟瞰，右为平面）

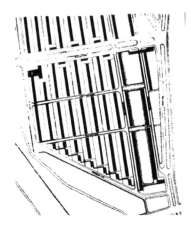

图 1.2.2　沃尔特·格罗皮乌斯设计的公众住宅

提高批量生产的效率和提供充足的采光、通风和开放空间等功能角度考虑，将板式公寓住宅楼简单排列，并在楼之间保持最小的日照间距成为设计大批量公众住宅的一种有效模式（图 1.2.2）。

　　此外，除了柯布西耶和包豪斯对于技术功能的关注，对于人类需求的社会生物学领域的关注为现代住区规划设计中应用空间围合理念提供了基础。在极端的情况下，空间围合可以以一种从公共领域到私人领域的层级嵌套方式进行重复（图 1.2.3）。根据奥斯卡·纽曼的"防卫空间"（Defensible Space）的思想，领土的界定和空间围合的象征性有助于营造一个由享有共同的空间领域或领地的居民所控制的安全的居住环境。

图 1.2.3　沃尔里卡多·波菲于 1980 年代在阿尔及利亚农村住宅规划中采用的空间层级嵌套

1.3 新都市主义规划设计范式

"新都市主义"（new urbanism）或"新城市主义"通常被视为 20 世纪 80 年代末由一批美国的新都市主义者所倡导的城市设计思潮。[1] 这一范式的英国版本被称作"都市村庄"。[2]

针对美国城市发展中出现的无场所感的向郊区蔓延和城市中心的衰退，新都市主义试图在不同尺度的城市区域、城市分区、城市片区和城市建筑街区层面提供一整套替代的规划设计解决方案。由于新都市主义的思想观念在许多方面与现代主义范式的思想是相对的，而与传统的都市生活有相似之处，因此新都市主义常常被视为一种"新传统都市主义"或"后现代都市主义"。

就住区规划设计而言，新都市主义的原则可以被视为是对佩里的邻里单元范式的修改（图 1.3.1）。在某种意义上，旧的规划模型被转化成一个更完善的城市设计模型。新都市主义的模型试图营造一个高密度和混合使用的社区，这主要是通过设计更加紧凑的建筑形式，并且能容纳更多不同的活动，同时通过提供具有不同价格和权属的不同类型的住宅来营造一个混合收入的社区，还有就是通过提供尺度较小，相互贯穿连接的街区和更便捷的公交站点来营造一个适于步行和公共交通导向的社区。

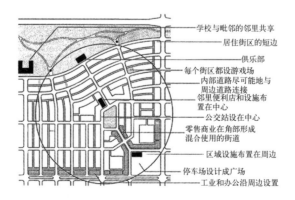

图 1.3.1 新都市主义在住区层面的规划设计原则示意图及 1983 年规划设计的作为新都市主义范例的位于美国佛罗里达的 Seaside

- 学校与毗邻的邻里共享
- 居住街区的短边
- 俱乐部
- 每个街区都设游戏场
- 内部道路尽可能地与周边道路连接
- 邻里便利店和设施布置在中心
- 公交站设在中心
- 零售商业在角部形成混合使用的街道
- 区域设施布置在周边
- 停车场设计成广场
- 工业和办公沿周边设置

[1] Katz, P. The new urbanism: toward architecture of community. London, McGraw-Hill, 1994. Leccese, M. and K. McCormick, Eds. Charter of the New Urbanism. London, McGraw Hill, 2000.

[2] Neal, P., Ed. Urban Villages and the making of communities. London, Spon Press, 2003.

1.4 质疑与批判

尽管上述三种范式的意图是良好的，但推出后都在不同程度上受到了质疑与批判。对于邻里单元范式的质疑与批评集中在三点，一是其在社区营造方面的社会可行性；二是其在实践中的社会经济效益的缺陷；三是其会导致社会隔离的可能性。[1] 针对现代主义的空间封闭围合，希利尔教授认为其本身就是问题的所在，是导致碎裂的、不清晰的和使用不足的空间的根源之一。[2] 虽然新都市主义是对现代主义的修正，但其也因为过于理想化的愿景，对于美国小城镇模式的怀旧，对于物质设计的强调，和在实践中未实现其主张而受到学者们的批判。[3]

总的来说，这些质疑与批评背后的共同焦点问题是形态与功能的关系。规划设计范式具有先期目标的设想很容易导致对其″建筑决定论″（architectural determinism）的指控。建筑决定论是产生于18世纪末的一种思想。受到了用于理解自然环境的″生物体-环境″（organism-environment）范式的″环境决定论″（environmental determinism）的启发。建筑决定论通常认为建筑设计如果处理得当，会直接导致对人们的道德和社会生活有益的影响，并为后来的″机器范式″（paradigm of machine）提供了知识基础。机器范式将建筑作为一种社会工程，有鉴于现代主义的失败，其已被认定为是一种错误的范式。根据希利尔（Hillier）教授的论点[4]，机器范式的谬误正在于其是基于站不住脚的对于物质形态与行为之间的直接关联的假设而机械地界定了形态与功能的问题。而所缺失的是对于空间构型（spatial configuration）作为一个中间变量和参与社会建构的事实的认识。因此，借由空间构型来界定形态与功能的关系，在

[1] Isaacs, R. R. Attack on the neighbourhood unit formula. Urban Housing. W. L. C. Wheaton, G. Milgram and M. E. Meyerson. New York, Free Press: 114-125. Keller, S. (1968). The Urban Neighborhood: A sociological perspective. New York, Random House, 1966.

[2] Hillier, B. Against Enclosure. Rehumanising Housing. N. Teymur, T. Markus and T. Wooley. London, Butterworths, 1988.

[3] Robbins, E. The New Urbanism and the fallacy of singularity. Urban Design International, 1998. 3(1): 33-42. Talen, E. Sense of Community and Neighbourhood Form: An Assessment of the Social Doctrine of New Urbanism. Urban Studies, 1999. 36(8): 1361-1379. Ellis, C. "The New Urbanism: Critiques and Rebuttals." Journal of Urban Design, 2002. 7(3): 261-291.

[4] Hillier, B. Space is the Machine. Cambridge, Cambridge University Press, 1996: 379.

物质设计和社会后果之间可以建立起一个可靠的连接机制。在本质上，这种连接机制是空间构型对人们的共存和共识效应或"虚拟社区"（virtual community）的一种格局效应。

基于对英国现代大型住宅开发项目的研究，希利尔教授解释了现代主义设计是如何通过创建病状的虚拟社区而导致社会弊病的产生。更确切地说，通过急剧减少相遇的概率或者说人的自然出现，并通过打破居民与非居民之间的界面，现代住宅区不易识别的空间设计会与人们对环境的恐惧和犯罪易发联系在一起。

然而，不仅是居民和非居民之间的界面，其他不同类别人群之间的界面也可以被破裂，如男性和女性，成人和儿童。特别是成人和儿童在空间使用上的分离可能会对儿童长远的社会生活产生影响。同时，由设计所导致的空间使用被某一特定人群（如接近成年的青少年）所主导的现象可能会导致空间使用的不适，在条件适宜的时候则会进一步引发反社会活动。此外，由空间设计所导致的病态的空间使用可能会造成社区自身病理的症状，进而可能会激发社会谴责和分异，并最终伴随社会不利（social disadvantage）的进程而使社区衰落。在一般意义上，物质设计是可能通过为社会进程提供激发社会病状的先决条件而降低社会病状产生的门槛，从而使其泛滥。

第二章

门禁社区国际论辩与中国门禁社区现象

门禁社区作为一种住区形态类别，至今还未有与之明确对应的规划设计范式，但对于门禁社区的国际讨论从上世纪末到现在一直间歇不断。不同领域的专家学者们从不同的角度给予了探究，但其研究成果或论述庞杂分散，难于形成完整性的认识。本章试图以门禁社区的形态为核心，从文化视角、政经视角和社会视角三个方面对与门禁社区形态相关的问题做一较全面、有针对性的综述，并对中国门禁社区现象进行初步的解读，以期形成一个多维度解析框架。

2.1 文化视角与相关问题

在美国关于门禁社区的讨论中，都市恐惧和对于社区安全的需求被认为是促使越来越多的人选择门禁社区生活的首要文化因素。[1] 对于都市的恐惧，尤其是指对于美国大城市增加的城市犯罪的恐惧。然而，事实上在美国大城市的犯罪率从 1980 年代中期已呈一下降趋势。这种对犯罪水平的过度反应可以作为一种"恐惧文化"的现象来解释。[2] 同时，根据对位于美国长岛、纽约、圣安东尼奥和得克萨斯的中高和中等收入聚居的郊区门禁社区的民族志研究，一些受访的居民也提到对"他者"（others）的恐惧害怕是导致逃离城市的一个原因。此外，恐惧是由美国日益严重的社会解体和经济不平等导致的不确定性和不稳定性所造成的。对于恐惧的回应就是对于安全感的感受和筑起堡垒的需求。

除了都市恐惧和对于安全防护的需要，还有对于社区意识的关注，这根植于传统的美国梦，即"拥有一处郊区住所，有组织严密的社区，并且靠近自然。"然而，门禁社区是一种扭曲的美国梦，有意识的限制进入，并强调社会控制和安全防护，并将此凌驾于其他社会价值之上。[3]

值得注意的是，安全、安全防护和社区是几个模糊的概念，是某种幻想与现实的

---

[1] Low, S. M. The Edge and the Centre: Gated Communities and the Discourse of Urban Fear. American Anthropologist 103(1); 2000, 45–58.

[2] Glassner, B. The culture of fear. New York, Basic Books, 1999.

[3] Low, S. M. Behind the Gates: Life, Security, and the Pursuit of Happiness in Fortress America. London, Routledge, 2003.

混合体。就安全而言，有居民的感觉和实际的犯罪率两方面。就安全防护而言，既可以是一种无意识的情感诉求，也可以采取治理措施来营造安全环境。就社区而言，既可以是基于感情的社区（归属感），也可以是基于共同目的的公众参与的社区。

对于安全和社区意识，威尔逊•登格斯（Wilson-Doenges）的实证研究可以说明一些问题。[1] 通过信访，威尔逊探究了在不同条件下的居民的感受，即位于加利福尼亚橘郡的一个有门禁的和一个没有门禁的高收入社区的比对研究，以及位于加利福尼亚洛杉矶郡的一个有门禁的和一个没有门禁的公共住宅开发项目的比对研究。结果表明，有门禁的和没有门禁的高收入社区在实际犯罪率上没有显著差异，但有门禁的高收入社区的居民与没有门禁的高收入社区的居民相比社区意识反而低，而人身安全的感受、私密性和便利性要高。对于主要是低收入者的公共住宅项目，门禁与否则没有导致在社区意识、安全感和实际犯罪率上的差异。

总之，根据威尔逊研究，门禁的效果与开发商所说的并不一致，它既不减少实际犯罪率也不会增加社区意识，只是会对高收入者带来一定安全感、私密性和便利性。具有讽刺意味的是，最近在加利福尼亚有一个建设"伪造门禁社区"趋势，也就是说有大门和围墙但没有相应的管理限制措施。换言之，可以在不用为其他安全措施投入花费的同时，提供一种安全防护的错觉。不过，不可否认，门禁通常可以减少汽车盗窃，为儿童游戏提供较安全的住区环境，并且会符合特定群体的偏好需求，如行商需要一个安全的地方做生意，退休人员或老人倾向于一种易护理的生活方式。

此外，根据巴西的一项居住满意度研究，[2] 位于圣保罗郊区的高档门禁开发项目 Alphaville 的新居民对于项目的独特形象更加满意，而对于安全和防护的期望值则较低。对于这些新居民来说，由精心设计的大门、安全措施和建筑风格所创造的独特形象可以提供一种与众不同的感受，这是一种附加值。同时，独特的形象被视为社会地位的一种编码。

---

[1] Wilson-Doenges. G. An exploration of sense of community and fear of crime in gated communities. Environment and Behavior. 2000. 32(5): 597-611.

[2] Caldeira. T. P. R. City of walls: Crime, segregation, and citizenship in Sao Paulo. 1992.

2.2　政经视角与相关问题

在美国和英国，门禁社区的蔓延伴随着城市私有化潮流。这种潮流是由私有化进程和从 20 世纪 80 年代开始的从工业经济到服务经济的政治经济体制重构所驱使的，被称为"后福特主义"（Post-Fordism）。[1] 与这一转型相伴随的是工业化解体、分权化、全球资本的扩张和变迁的国际劳动分工。在城市和区域一级，这尤其表现在洛杉矶的"后大都市"（post-metropolis）[2]，按照 Soja 的描述就是，"由封闭围合和设防的空间构成的群岛，自愿和非自愿的将个人和社区阻隔在看得见的和不是很明显的城市岛屿中，由重组的公共和私人权力和权威所监管。"

私有化在住区层级而言，主要涉及三个方面：1）构成住区开发的住宅建筑、公共设施和基础设施是由私营部门通过房地产开发商来建造的；2）社区服务（如保安，街道清洁，垃圾收集和物业维修）由私人提供；3）私有的住区开发往往是由居民或管理公司根据一定的社会和法律机制来管理的。

在美国，门禁社区作为一种私有住区开发通常为共同利益社区（Common Interest Communities，缩写 CIC）或共同利益开发（Common Interest Developments，缩写 CIDs）。据估计，约有 4700 万美国人居住在这些社区中。同时，根据社区协会 1999 发布的一项调查，11% 的共同利益开发项目采取了门卫管理的形式或电子门禁管理的形式，17% 提供安全巡逻。这意味着，私有住区开发并不一定都是门禁社区。

此外，根据不同类型的产权和个人财产（土地、别墅或公寓）与公共财产（街道、开放空间、公共设施等）所有权，CIDs 可分为三类。[3] 第一，公寓式（condominium），通常是集合住宅综合体的形式，由第三方（即物业管理公司）和居住社区协会来共同管理。居民对公共财产具有名义上的所有权。第二，基于股东的合作社（cooperative）形式，个人和共同财产归合作社所有。第三，社团法人（corporation）形式在美国是

---

[1]　As an economic concept, privatisation can simply refer to the transfer of state activities to private sectors. See Forrest, R. 1991. The Privatisation of Collective Consumption. Urban life in transition. M. Gottdiener and C. G. Pickvance. Newbury Park Calif, Sage.

[2]　Soja, E. W. Postmetropolis : critical studies of cities and regions. Oxford, Blackwell Publishers, 2000.

[3]　Georg , G. M. "Private Neighbourhoods as Club Economies and Shareholder Democracies." May 2004.

主要的形式。居民作为房主联合会（home-owners associations）的成员享有公共财产的所有权，并通过社团法人委员会基于授权的私法条款、条约和限定来进行管理。这一法律框架表示了从私人所有向基于居民共同利益的集体所有和自治的转换。如一美国学者所说 [1]，CIDs 可以被看作是霍华德乌托邦思想和美国个人主义混合体的产物，霍华德乌托邦思想的替代是"privatopia"，其主导意识形态是个人主义，合同法律是至高无上的权威，财产权利和财产价值是社区生活的中心。

由于私有或门禁社区的开发，城市公共空间的私有化或商品化经常成为城市被批评的目标。有学者认为 [2]，一个日益商品化的城市环境倾向于将公民权的履行替代为对消费者行为的效法，公民倾向于被重新定义为基于消费体验和消费权益的"消费者公民"（consumer-citizen），而不是基于城市体验和公民行动。对于一些都市主义者，他们从根本上反对通过法律门槛在个人家庭之上封闭城市空间，这被认为是对公共使用和城市公共意识形态的侵犯。与传统城市形态相比较，尽管在许多美洲和欧洲城市存在公共空间的消失与缩减，但"公共空间的消亡"的慷慨陈词似乎有所夸大，而倾向于将公共领域和私人领域二分对立的判断更为准确。

借用俱乐部和产权经济理论，韦伯斯特将门禁社区所共享的空间领域定义成为共享的为邻里属性提供经济权利法律保护的"俱乐部领域"（club realm），因而提供了不同的对城市中的"公共性"和"私有性"的理解。[3] 关于公共领域（公众共享的空间领域）的私有性，韦伯斯特指出："无所不达的公共领域是一种理想，由于有距离、交通成本和拥堵，大部分公共空间是由部分人口来使用"。因此，在经济上，照惯例由市政或地方政府提供的地方公共设施或住区公共设施与由私有的门禁开发提供的俱乐部设施是相似的。在某种程度上，门禁社区的俱乐部领域可以被视为是为私有提供的、排除非成员的"公共领域"。

此外，与政府机制相比，门禁开发被认为是一种更有效的提供住区设施和服务的

---

[1] Mckenzie, E. Privatopia: Homeowner Associations and the Rise of Residential Private Government. New Haven and London, Yale University Press, 1994.

[2] Christopherson, S. The Fortress City: Privatized Spaces, Consumer Citizenship. Post-Fordism : a reader. A. Amin. Oxford, Blackwell: 1994, 409-427.

[3] Webster, C. Property rights and the public realm: gates, green belts, and Gemeinschaft. Environment and Planning B 29(3): 2002, 315-472.

机制。这是因为门禁开发可以通过法律合同防止"免费搭车"(free riding)问题的发生，可以降低在公共领域由于竞争和拥挤而导致的代价，可以满足消费者偏好或市场需求，并且市场越成熟供应者之间的竞争越多，就会有更好的选择和更是物有所值。

总之，韦伯斯特的论点从政治经济学角度提供了一个有趣的见解和一些就门禁开发效能的合理假设。不过，如林奇所指出的："效能是一个平衡的标准，既会有某些性能的获得也会有某些性能的损失"。[1] 对于门禁开发而言，可能由于门禁和私有化而导致效率低下。如一项研究所揭示[2]，门禁的设置可能会将犯罪转移到其他社区，尤其是开放式的商业区，因此可能会减少那里的就业机会。甚至，门禁会为犯罪提供隐蔽和防护的场所，从而阻碍执法[3]。此外，门禁开发模式会减小一个城市片区的可达性、连接性和穿越性，从而可能引起更多的交通堵塞和不便。

2.3 社会视角与相关问题

受到后福特主义经济的推动，在美国不断扩大的收入差距，越来越紧张的种族关系和社会两极分化导致都市恐惧和社会不稳定，因此这些可以被视为促成门禁社区蔓延的社会因素。理论上，门禁社区通过属地控制和其治理结构即房主联合会，其将会成为一个理想的将居民凝聚起来成为社区的机制。不过，在现实中这很难实现，在美国发生纠纷和缺乏参与的现象往往存在于由房主联合会管理的私有住区。这是因为美国门禁社区是通过法律合同而不是社会交往来形成的，换句话说，旧的基于关系的场所力量被新的基于财产所有权的场所力量所取代，住区越来越多的是由经济而不是社会制度来塑造。[4]

同时，房主联合会可以制定自己的规则，比如什么样的家具可以从窗户看到，邻居什么时候不能在户外交流，他们往往采用回避而不是对抗的形式来管理冲突。这就

[1] Lynch, K. A Theory of Good City Form. Cambridge, MIT Press, 1981.

[2] Helsley, R. W. and W. C. Strange. Gated communities and the economic geography of crime. Journal of Urban Economics(46): 1999, 88-105.

[3] Minton, A. Building balanced communities: the US and UK compared. Jan 2004.

[4] Mckenzie, E. Privatopia: Homeowner Associations and the Rise of Residential Private Government. New Haven and London, Yale University Press, 1994.

是所谓的 "道德极简主义" （moral minimalism），一种通过外部和结构手段来控制社区冲突的文化系统。[1] 通常，这种形式的社会控制会引起某些悖论。如金•多维 （Kim Dovey）所指出的，在美国 "极权形式的社会控制形式被最个人主义的国家的最有特权的公民自愿的采纳"。[2] 而对于为什么居民可以接受此种规则和限制的一种解释是，他们想要保持中产阶级生活方式和社会经济地位。

除了内部的紧张和矛盾，门禁和围墙的划分可能成为实现对非本社区居民的基于产权指定的经济排斥的必要手段，这往往被视为社会不平等和社会排斥的来源。安东尼•吉登斯 （Anthony Giddens）把对产权的保护视为一种排斥机制，可以把一些人群与社会主流分离开来。[3] 其后果是一种双重排斥，即社会顶层的 "自愿排斥" 和社会底层的 "非自愿排斥"。在美国，这种双重排斥显著的表现在 "严密设防的堡垒" （fortified citadels）与 "被拒之门外的贫民区" （excluded ghettos）之间的对比。[4]

虽然如韦伯斯特所说，很少有市政设施和服务是被所有人所平等共享的，包容和排斥是城市生活的现实，但是经济排斥加上有形排斥是把双刃剑，将导致副作用或社会成本的提升。大门和围墙不仅可以阻止那些不受欢迎的人的进入，也可以阻拦偶尔经过的路人和邻近住区的居民。因此，其又成为社交互动的障碍。在视觉上，大门和围墙对外可能成为控制进入的权利与被排斥者之间的不平等的一种提示。特别是可能会传递给那些已经把自己视为被排除在主流社会之外的人群更强烈的信息。在某种程度上，有形的大门和围墙本身是无辜的，但是它们可能会使已经存在的社会排斥变得可见。换句话说，门禁的负面影响可能归因于其 "负品质象征" （symbolic negative quality）[5]。

尽管存在潜在的不利社会影响，在某些情况下，门禁开发可能有助于在城市层面的社会整合，在住区层面增强社会凝聚力。这些效果在美国以外的其他地区的研究中

[1] Low, S. M. Behind the Gates:Life, Security, and the Pursuit of Happiness in Fortress America. London, Routledge, 2003.

[2] Dovey, K. Framing Places: Mediating power in built form. London, Routledge, 1999.

[3] Giddens, A. The Third Way: the renewal of social democracy. Cambridge, Polity Press, 1998.

[4] Marcuse, P. The Ghetto of Exclusion and the Fortified Enclave. American Behavioral Scientist 41(3): 1997, 311-326.

[5] Atkinson, R. and J. Flint. Fortress UK? Gated communities, the spatial revolt of the elites and time-space trajectories of segregation, 2003.

也得到了证实。一项针对智利圣地亚哥的社区研究显示了门禁开发善意的一面。[1] 通过访谈，研究主要探究了在城市郊区新建的一个门禁社区的居民和只隔着一条街而建的棚户区的居民的看法和社会认同感。研究发现，新的门禁开发并没有对棚户区的居民产生负面影响，如嫉妒、挫折或不愉快的感受。相反，棚户区的居民看到的是现代化的好处与物质环境的改善（例如，更好的公共交通）。研究进一步指出，由于"主观上的放松"（感觉上更贴近，彼此不受威胁），两个群体的"空间接近"（spatial proximity）不仅允许"功能整合"（或经济一体化），而且还可以进一步鼓励跨越边界的社会融合，因为来自棚户区的工人需要进入门禁社区工作或提供服务，而门禁社区的居民需要到外面购物，门禁社区的居民成为棚户区居民的雇主和顾客。研究的结论是，在圣地亚哥一个相对安全和种族同质的城市，社会差异、围墙的存在和对他者的畏惧都不能妨碍在空间接近条件下的功能整合。

总之，这项来自智利的研究表明，一种以大门和围墙或围栏为手段的邻近的社会空间隔离模式，这不同于先前的以距离和位置为手段的社会空间隔离。空间接近为社会经济共生（socioeconomic symbiosis）提供了条件。[2] 然而，这不仅仅是一种第三世界现象，在全球城市（纽约，伦敦，东京）中产阶级化需要增加低工资的工作，雅皮士和贫穷的移民工人要相互依托。[3] 在英国，一项对越来越多的门禁城市中心生活的调查表明，新的基于大门和围墙的更微观的隔离可以在穷人和富人之间提供财政、环境和城市服务的外溢效益。[4] 同时，一些研究表明在相对欠佳的城市中心地区的门禁开发由于可以提供对局域环境的控制和改善，可以让富人留住或吸引他们回到城市中心地带。[5] 由此，在城市层面，社会融合和异质性也会有所增加。

[1] Salcedo, R. and A. Torres. Gated Communities in Santiago: Wall or Frontier? International Journal of Urban and Regional Research 28(1): 2004, 27–44.

[2] Marcuse, P. A New Spatial Order in Cities? American Behavioral Scientist 41(3): 1997, 285–298.

[3] Sassen, S. The Global City: New York, London, Tokyo. Princeton, Princeton University Press, 1991.

[4] Webster, C. Gated Cities of Tomorrow. Town Planning Review 72(2): 2001, 149–169.

[5] Castell, D. An Investigation into Inward-Looking Residential Developments in London. London, M.Phil. Thesis, University College London. Manzi, T. and S. B. Bowers, 2003. Gated Communities and Mixed Tenure Estates: Segregation or Social Cohesion, London Research Focus Group. http://www.neighbourhoodcentre.org.uk/gated.html, 2004.

虽然门禁开发由于空间接近会产生一定的社会效益，应该指出的是，这只是为不同群体之间的可能的社会互动提供了空间条件。但在今天的信息时代，先进的通信技术和不断发展的快速交通方式使得这种可能性可以被避免或减少到一定程度。对于门禁社区的居民，他们可以使用汽车跨过与人们在城市街道上的面对面接触，在各式的安防环境之间移动，如有安全巡逻的购物中心，门禁的私立学校和有闭路电视监控的停车空间。因此，居民被隔绝的流动形成动态的"隔离的时空轨迹"（time-space trajectories of segregation）[1]，而作为社会互动空间的公共街道趋向于被遗弃给社会的一部分人，通常是穷人和罪犯。

2.4 中国门禁社区现象解读

中国门禁社区现象有其独特的背景和动力机制。在《新中国城市：全球化与市场化改革》一书中，洛根（Logan）总结了面对中国城市转型的三个主要挑战：全球化，市场化和移民。在经济上，全球化带来了大量的国外直接投资，自 1993 年这已经在商品住房开发上被开放。同时，市场化与新的国际影响相结合导致了行政权力下放，这为地方政府和私营企业提供了一定的自治权。但值得注意的是，目前的市场改革是一种"部分的改革"，而不是一种激进的取缔现有的国家社会主义结构的过程。此外，伴随着中国城市化的快速发展，出现了巨大的人口结构变化。据统计，1998 年在北京约有 320 万流动人口，约占总人口的 30%。[2] 而现今，北京市非本市常住人口几近总人口的一半。

市场经济改革对城市的深刻影响是城市的私有化程度提升。自 20 世纪 90 年代初，社区服务首先被私有化，成为第三产业。接下来，住房和设施的提供被转移到私营部门。同时，国有城镇土地的使用权被租赁给开发商，筹措来的财政收入则被用于城市基础

---

[1] Atkinson, R., J. Flint, et al. Gated Communities in England. London, Office of the Deputy Prime Minister. New Horizons Project C050, 2003.

[2] Gu, C. and H. Liu. Social Polarization and Segregation in Beijing. The New Chinese City. J. R. Logan. Oxford, Blackwell, 2002.

设施的建设。从而，开发商和物业管理公司接手了以前由地方政府和单位承担的提供住房、住区公共设施和服务的主要责任。他们很快地介入到先前由上至下等级化的行政管理体系，包括市政府，区政府，街道办事处（代表区政府处理邻里和社区事务），单位和居民委员会（类草根志愿组织）。

当前，中国政府正大力推进社区建设，开发商也因此成为重要的社区建设者。与此同时，新建门禁社区的居民委员会拥有了更多的权力。他们可以与物业管理公司签立契约，并用法律来捍卫居民财产和消费者的权益。不过，中国门禁社区的居民委员会与美国的房主联合会不同，不是一种法人性质的自治组织。事实上，中国的门禁社区大部分采用的是公寓式的所有权形式，即居民对公共区域及设施不具有所有权，他们生活在一个由私营机构代表居民和地方政府来管理的社区中。

当土地使用权被私有化，住区面向特定购房者的时候，门禁成为一种迅速和可行的手段来排除非客户和满足客户基本的人身和财产安全需要。同时，这也得到了政府的支持，因为政府从来将社会稳定视为经济持续发展的一个重要先决条件。因此，对于门禁社会而言，在美国作为推动因素的都市恐惧在中国的背景下似乎并不相关。然而，随着由快速的社会经济重构和伴随而生的城市问题（如犯罪率上升和社会两极分化）所导致的不稳定因素可以被看作为门禁现象的一个作用因素。[1]

此外，根据北京的一项住房选择偏好研究（根据 2001 收集的数据）[2]，人们在选择住房的时候关心住宅所在住区的安保情况以及住区的声誉。同时，一项对深圳两个中高收入门禁社区的居民居住满意度的问卷调查研究发现[3]，近 86% 的受访居民将安保视为他们选择居住在门禁社区的一个重要方面，近 65% 的受访居民还对门禁社区所提供的"尊贵感"表示满意。在今日中国，生活在一个高品质的商品住房社区中并拥有一辆轿车似乎成了一种身份的象征。这与当前中国经济消费增长和由此产生的"消费

[1] Wu. F. Rediscovering the 'gate' under market transition: from work-unit compounds to commodity housing enclaves. Housing Studies 20(2): 2005, 235-254.

[2] Wang. D. and S.-M. Li. Housing preferences in a transitional housing system: the case of Beijing. China. Environment and Planning A 36: 2004, 69-87.

[3] 钟波涛. 城市封闭住区研究. 建筑学报, 2003.

者革命"（consumer revolution）是密切关联的 [1]。这种向消费主义的转变正在影响人们对自身的认识和他们的城市体验。

在城市层面，伴随着日益明显的社会经济分层，无论是在市区还是在郊区，社会空间分异都在加剧。新建门禁社区可以与破旧的工人新村或城中村并存。总的来说，在中国城市存在着不同类型住区之间的空间接近。与上述智利圣地亚哥的情况相似，在富人和穷人之间存在互惠互利的共生关系。[2] 例如，农村移民作为廉价劳动力可以在一个高档的门禁社区里找到一份服务工作，由农民提供的非法三轮摩托车和集市以其便利性可满足门禁社区居民一定的交通和生活需求。[3]

在美国和南非，伴随着明显的阶级和种族分歧，大门和围栏或围墙不仅被视为社会差异的界线，还是居民自愿或非自愿的与主流社会形成社会排斥的标志，而在中国，由于不清晰的阶级划分，种族的同质性和门禁的普及，大门和围栏似乎可以被看作是对作为社会主流居民的一种社会包容形式。

[1] Davis, D. S., Ed. The Consumer Revolution in Urban China. Berkeley, CA, University of California Pres, 2000.

[2] 封丹，Werner Breit ung，朱竑. 住宅郊区化背景下门禁社区与周边邻里关系：以广州丽江花园为例. 地理研究，Vol.130，No11. Jan1，2011.

[3] Fairfield, S., O. Manor, et al. Some Observations on Street Life in Chinese Cities. LAND LINES 16(4): 2004, 5-7.

第三章

城市形态分析的理论方法

城市形态作为城市的物质存在是城市发展各种合力作用下的结果，不同的城市形态模式会对城市发展产生不同影响，这种影响可能是正面的促进作用，也可能是负面的制约作用。伴随着城市的发展壮大，城市形态对城市内部功能的运转、城市资源的分配利用、城市生态环境等的影响作用愈加显著，当然，也可能成为众多〝城市病〞产生的渊源。因此，有必要掌握城市形态研究的相关理论方法去探究其特征规律，为规划设计应对城市变革提供依据。

3.1　城市形态分析的途径

在地理学科中，城市形态研究与以 M.R.G. Conzen 和其追随者为代表的德国〝形态发生〞（morphogenetic）研究传统有着密切的联系 [1]。这一研究传统依赖对历史文献、城镇地图变迁的制图表达、建成形式（Built form）和城市肌理的土地使用的考查。虽然地理形态学（geo-morphology）的途径对于既有或历史景观的起源和历史发展的研究非常有用，但不适用于研究新创建的城市形态与先前的设计之间的异同。

在建筑学与城市规划学科领域，类型学（typology）的途径通常采用源自某些形式或功能标准的类型来区分和界定设计。一个相关的例子是 Kirschenman 和 Muschalek 对 20 世纪 50 年代后的现代住区设计案例的系统研究 [2]。在这项研究中，设计方案根据其不同的发展类型（即城市再开发，城市扩展和城市新建）、街区类型、住宅建筑类型（即独户住宅，集合住宅，独户和集合住宅混合），住宅建筑布局和交通组织进行了分类和比较。虽然类型学对于总结城市建筑设计原则是有用的，但纯粹的类型学研究往往侧重于描述分类本身，没有进一步的解析。在这方面，类型形态学（typo-morphological）途径由于整合了类型学途径和地理形态学的历时和比较方法，可以为新创建的城市形态的分析提供一种更有意义的方式。[3] 类型形态学途径的一个相关例子

[1]　Whitehand, J. W. R. and P. J. Larkham. The Urban Landscape: Issues and Perspectives. The Urban landscapes: international perspectives. J. W. R. Whitehand and P. J. Larkham. London, Routledge: 1992, 1–19.

[2]　Kirschenman, J. and C. Muschalek. Residential Districts. London, Granada, 1980.

[3]　Moudon, A. V. Getting to know the built landscape: Typomorphology. Ordering space: Types in architecture and design. K. A. Franck and L. H. Schneekloth. London, Van Nostrand Reinhold, 1994.

是穆东（Moudon）对 20 世纪美国住宅形态演化的研究[1]，在研究中建成形式的类型被作为一种手段来辅助对跨越不同历史时期的设计方案的比较分析。

出于对实际设计问题的考虑，在建筑学和城市规划领域也同时发展了相应的建成形式分析方法（Built form analysis）。其早期的代表性研究包括英国剑桥大学马丁中心的莱斯利和莱昂内尔对建成形式与土地使用之间关系的研究[2]（图 3.1.1），还有美国麻省理工学院城市人居设计课程（Urban Settlement Design Program）所做的相似研究[3]。

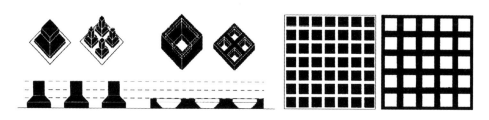

图 3.1.1 莱斯利和莱昂内尔对于城市街区的周边式与亭子式建成形式与容积率关系的比较研究

尽管类型形态学和建成形式分析是有用的，但对于潜在的城市空间结构无法进行定性定量分析。在这方面，英国伦敦大学的比尔.希利尔（Bill Hillier）教授及其同事自 20 世纪 70 年代末开始至今针对建筑与城市的空间构型（spatial configuration）进行了积极的探索，形成了具有突破性的空间句法技术理论方法。[4] 简而言之，空间构型就是关于单个空间之间的相互关系，因其对人的运动和空间使用有影响被认为是城市形态功能运作的重要机制。通过分析空间构型，可以形成对社会逻辑或空间设计意义的深刻洞察。

就方法论而言，空间句法是一种基于空间模型生成的图解和定量分析的一种相当严格和系统化的方法，既可用于进行有效的比较分析，并具有很强的预测能力。一个

[1] Moudon, A. V. The Evolution of Twentieth-Century Residential Forms: An American Case Study. The Urban landscapes: international perspectives. J. W. R. Whitehand and P. J. Larkham. London, Routledge: 1992, 170-205.

[2] Martin, L. and L. March, Eds. Urban space and structures. London, Cambridge University Press, 1972.

[3] Caminos, H. and R. Goethert. Urbanization Primer. London, The MIT Press. Goethert, R. (1985). Tools for the Basic Design and Evaluation of Physical Components in New Urban Settlements. Ekistics 312: 1978, 279-283.

[4] Hillier, B. and J. Hanson. The Social Logic of Space. New York, Cambridge University Press. Hillier, B. Space is the Machine. Cambridge, Cambridge University Press, 1984.

相关的研究是朱利安.汉森（Julienne Hanson）教授运用空间句法对英国伦敦从 19 世纪末的传统住区的"街道形态"向后来的现代社会住宅的"房地产形态"的转变，和"房地产形态"在 20 世纪的演变进行的研究项目。[1]

对于城市形态的分析不只限于形态自身的研究，最终要理解形态与社会的关联。对于形态与社会的关联可以有不同的解释。当把侧重点放在宽泛的社会语境时，环境的形态可以被视为社会的产物，甚至作为社会分工和意识形态力量持续、再生和更新的手段；[2] 而当把侧重点放在设计的意义时，建成环境（built environment）的形态可以被视作为权力传递的中介物和由设计框起的反射社会的一面镜子。[3]

通常，上述两种解释带有隐含的决定性关系的假设，即建成环境形态对社会起着次要作用。不过，通过对建筑或城市对象本身给予关注和在社会分析中引入"随机性"（randomness）的概念，空间句法理论提供了一种不同的认识论。一方面，社会不仅仅被视为一种社会结构，也被视为一个"离散的系统"（discrete system）；另一方面，建成环境形态可以被视为生成规则的限制作用于随机形态过程的结果，这种过程则是一种限制随机行为的机制。因此，建成环境形态既是一个"独立存在的现实"也是一个社会的"重要组成部分"或"固有的一部分"，[4] 进而在社会和形态之间建立起了一种平衡的相互关系。此外，通过对设计和使用这两个介于社会和形态中间的元素的考量，可以进一步细化这种相互关系。通过设计，意图被建立在实体和空间形态中，再通过实体和空间形态对人的体验和行为的影响，社会本身得到了再生。

基于空间句法理论的这一认识，希利尔认为，建筑物 [5] 的特性不能完全由目的来解读，应首先考虑对"人造法则"或"建筑目的得以实现的形态法则和约束"进行分析性解读 [6]。对于城市构筑物，如住区，需要了解城市对象的法则，希利尔将其归纳为

[1] Hanson, J. Urban transformations: a history of design ideas. Urban Design International 5: 2000, 97-122.

[2] Knox, P. L. The Packaged Landscapes of Post-suburban America. Urban landscapes: international perspectives. J. W. R. Whitehand and P. J. Larkham. London, Routledge: 1992, 207-226.

[3] Dovey, K. Framing Places: Mediating power in built form. London, Routledge, 1999.

[4] Hillier, B. The Architecture of the Urban Object. Ekistics 334 & 335(January/February 1989 & March/April 1989; (Special Issue on space syntax research)): 1989, 5-22.

[5] 这里把城市也看作是某种建筑个体。

[6] Hillier, B. The Nature of the Artificial. Geoforum 16(2): 1985, 163-178.

三类，主要关注空间形态的方面。第一，城市形态自身的法则或城市形态自身生成的法则；第二，城市形态赋予社会的法则或者说城市形态如何作用于社会的法则；第三，社会赋予城市形态的法则或者说社会如何使用和适应城市形态自身法则来生成应对不同类型社会关系的空间形态。在本质上，这些法则是关于城市形态与社会机能的牵连机制。综合运用这些法则为解析城市形态特性提供了一个较全面的理论框架。

3.2　城市形态分析的基本知识

在阐述城市形态的相关法则之前，有必要引入城市形态分析的一些基本知识。一般来说，城市形态的特征属性可以从两方面来阐述分析：构成（composition）和构型（configuration）。首先，构成涉及的是几何属性，如尺寸、形状和位置，通常与建成形式和"秩序"（order）的概念相关，其特点是理性的几何组织规律，因此很容易被瞬时或同步感知。其次，构型按照空间句法理论的界定，其是一组在所有元素之间的相互依存的关联，每个元素的特性是由其与所有其他元素的关系决定的。通常，这与空间组织和"结构"的概念联系在一起，作为一个分化的体系，构型同时具有"非话语"和"非同步"的特性。换句话说，构型不容易被谈论和被直接表达，其认知产生于对空间和时间的切身体验过程。

空间句法理论认为空间构型是理解城市形态和社会之间关系的核心问题，因为空间关系是社会组织的一种反应。但在捕捉几何上不规则而空间上连续的城市空间的构型特征时通常存在一定难度。不过，如果把真实的城市空间网络看作是理想正交网络的两种方式的变形结果[1]，即单一维度的将视线和通路打断或转折和双维度的变化空间的宽度，那么就可以通过将城市空间分解表达为一些相互连接的空间元素或"离散的几何"（discrete geometries）。[2] 所采用的一种方法被称为"凸状分解"（convex break-

---

[1]　Hillier, B., A. Penn, et al. "Natural Movement: or configuration and attraction in urban pedestrian movement." Environment and Planning B: planning and design 20: 1993, 29-66.

[2]　Hillier, B. and V. Netto. "Society seen through the prism of space: outline of a theory of society and space." Urban Design International 7: 2002, 181-203.

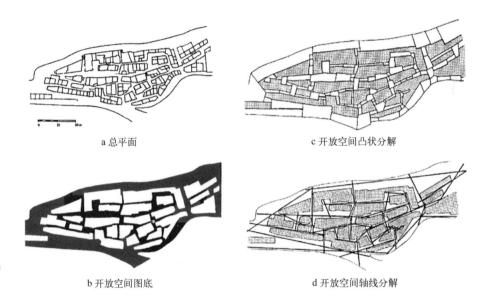

a 总平面

c 开放空间凸状分解

图 3.2.1　法国南部小镇 Gassin 的形态分析图解

b 开放空间图底

d 开放空间轴线分解

up）（图 3.2.1c），即由最大面积的凸空间至小一些的凸空间逐一进行分解形成[1]；另一种方法，主要用于城市空间分析，被称为"轴线分解"（图 3.2.1d），即通过绘制最少和最长的一组能够覆盖所有空间的轴线来生成。通过轴线分解，城市空间格局被转录成由轴线表达的图示，称作轴线图示，从而表达出一种线性关系结构。值得注意的是，这两种基本的几何图示，反应和内化了人们通常使用空间方式的"自然几何"（natural geometry）。比如人们往往沿直线移动，占据凸空间用于小范围的和静态的活动，如交谈、会议等。就其认知意义，轴线图示可以被看作是涵盖使用者重要视觉和通行信息的转录，轴线结构的几何建构对于行为导向具有重要作用。[2]

除了基本的线性表达，轴线图示还可以进一步被量化用于拓扑分析。对于一个轴线结构，从某一根轴线的角度，一些轴线相对于其他一些轴线抵达这一轴线所需的空间转折或步数是不同的，或者说是深浅不一。因此，每根轴线相对于某一轴线可以被

[1]　A convex space is a space in which any line drawn between any two points does not go outside the space, see page 98 in The Social Logic of Space by Hillier and Hanson, 1984.

[2]　Hillier, B. Space as paradigm: for understanding strongly relational systems. Space Syntax Second International Symposium, Brasilia, 1999.

a 伦敦中心老城区开放空间图底

b 伦敦中心老城区街道网络轴线图示

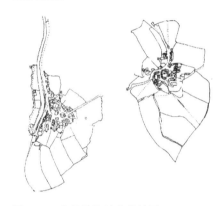

c 伦敦中心老城区街道网络整合度分布图示

赋予一个深度值。基于深度值，某一个轴线结构的所有轴线之间的相互关系可以由一个更为重要的拓扑指标或量度——"总体整合度"（global integration）来量化，即每根轴线与其他轴线之间深度的平均值的数学权重值。这一指标能够指示空间网络中的某一个轴线空间的相对拓扑可达性。某一个轴线空间的全局整合度越高，相对于其余的空间就越易抵达。整合度值的分布可以用彩色图谱来表达（图 3.2.2）。由于整合度值的分配不同，一个城市网格可以被理解为一个构型不均等的系统。[1]

图 3.2.2　伦敦中心老城区的形态分析图解

3.3　城市形态的自身法则

　　具备了基本的描述性知识，这一节将进一步阐述城市形态的自身法则。在一般的层面上，这是关于城市形态如何通过基于"生成规则"或"局部秩序"的形态过程而自我生成的。这种基本的生成过程可以在一些自然形成的小聚落的布局中观察到。如图 3.3.1 中所示的英国的小村庄，它们有着共同的所谓"珠—环"（beady-ring）结构，包括环状的道路空间和一些宽大由紧邻的住宅入口沿街面直接界定的凸空间。

　　在较高的层面，城市形态的自身法则是关于几何构成如何与空间构型相互作用的表达。事实上，空间构型可以看作是通过一个几何构成过程而产生的。对于上述的轴线结构，其几何构成是借由两个主要几何变量，即轴线之间的交叉角度和轴线长度。[2]

图 3.3.1　位于英格兰北部的两个小聚落平面图

[1]　Hillier, B. A theory of the city as object: or, how spatial laws mediate the social construction of urban space. Urban Design International 7: 2002, 153-179.

[2]　Hillier, B. The Hidden Geometry of Deformed Grids: or, why space syntax works, when it looks as though it shouldn't. Environment and Planning B: planning and design 26: 1999, 169-191.

然而，在几何构成和空间构型之间不存在一一对应的关系，也就是说几何构成不同的空间结构可能有相同的空间构型特征。

此外，某一空间构型也可以被认为是通过组织城市实体（如建筑物或街区）而削减城市空间中的其他可能的结构而产生的，因此空间不是无结构的虚空。在这一概念基础上和对由计算机空间模拟实验生成的实证规则的观察[1]，希利尔论证了四个关于放置实体产生构型影响的基本原则，这些被一起称之为"空间生成法则"（laws of spatial emergence），这是一种"如果则"（if-then）类型的法则。[2]

首先，根据"中心性"（centrality）原则，位于线性空间中心位置的实体对象与位于边缘的实体对象相比将对周围的空间系统形成更多的深度增益或整合度损失；其二，根据"延展性"（extension）原则，线性空间被阻隔的距离越长，周围空间系统损失的整合度越大；第三，根据"接近性"（contiguity）原则，连接的块体与分离的小块体相比会对周围的空间系统造成更多的整合度损失；第四，根据"线性"原则（linearity），线性连接的块体与弯曲连接的块体相比会对周围的空间系统造成更多的整合度损失。基于这些假设的原则，并考虑如何加强城市空间网络的整合度，中心性和延展性原则可以被简化成一个实用原则，即最大化最长的一些线性空间的长度，同样，接近性和线性原则可以被简化为另一个实用原则，即最小化线性的挠曲。

总的来说，城市形态的自身法则具有自治性，换句话说，这些法则独立于人的意愿或意图。然而，通过提供给人类一个发展空间策略的可能性和限制系统，这些法则在社会赋予城市形态法则的运作中发挥着重要的中介作用，而社会赋予城市形态的法则的运作又有赖于城市形态作用于社会的法则。

3.4 城市形态作用于社会的法则

城市形态作用于社会的法则可以从两方面来阐述：象征方面和句法方面。一般来说，

---

[1] See the 'all-line map analysis' and 'metric integration analysis' by Hillier, 1996: 345-353; 2002: 165-169.

[2] Hillier, B. A theory of the city as object: or, how spatial laws mediate the social construction of urban space. Urban Design International 7, 2002: 153-179.

象征方面是关于城市形态如何参与社会文化表达的，句法方面是关于城市形态如何借由空间构型对城市生活和体验产生影响的。

首先，就象征性方面而言，其内在机制可被称为"景观及形态的象征主义"。[1]

一方面，一个特定的建筑特征可以作为一种标识，其有三个组成部分：1）能指，即建筑特色；2）所指，即所表达的意象或概念；3）意指，即隐含的价值。一般来说，建筑标识，如边界的认知建构，可以用来表明所有权、属地或团体关系。与此同时，建筑标识作为意象生成手段，通过与社会文化或历史的联想，可用于生成对于特别生活方式的想象。[2] 在一个更高的层次，建筑标识可以用于社会文化系统的传达，为适当的行为提供暗示，并可用于显示社会经济地位，建立社会认同，提高群体共识和加强社会分化。

另一方面，象征主义也存在于对空间的塑造。最引人注目的手段是由一个强烈的提供笔直视景的线性空间构成的象征性轴线（图 3.4.1）。同时，其还伴有其他一些复合的特征，包括线性空间的宽大均一、与日常建筑入口的分离、建筑物外墙与轴线入射角度垂直等。一般来说，象征性轴线的基本功能是通过空间来传达某一建筑物和地点的象征意义。最终，象征性轴线通过提供一个可以附着情感的物质焦点而使特定的意识形态或权利体系得以授权。

除了象征性的方面，城市形态还有更为实质的句法或构型方面。根据空间句法理论，街道构型的基本功能是组织人流，而人流中只受到街道构型影响的那部分被称作"自然人流"（natural movement）。[3] 更具体地说，自然人流产生于街道网络空间构型对于某一区域中所有位置之间的最简明的路线（涉及最少的方向变化）的组织。

针对某一特定的空间，街道构型会对两种潜在的自然人流产生影响：1）抵达人

[1] Rapoport, A. Human Aspects of Urban Form: Towards a man-environment approach to urban form and design. Oxford, Pergamon, 1977.

[2] Biddulph, M. Consuming the sign value of speculative housing: Form and Image. Liverpool, Department of Civic Design, University of Liverpool, 1993.

[3] Hillier, B. "Natural Movement: or, configuration and attraction in urban pedestrian movement." Environment and planning B 20: 1993: 29-66.

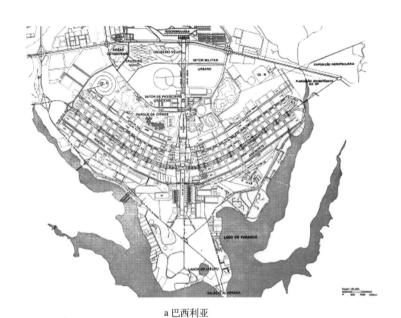
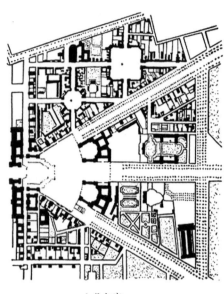

a 巴西利亚　　　　　　　　　　　　　　　　　b 凡尔赛

**图 3.4.1　巴西利亚和凡尔赛的
象征性轴线**

流（to-movement），前提是街道网格被认为是一个由起点和目的地构成的系统；2）途经人流（through-movement），前提是街道网格被认为是一个由可能路径构成的系统。特定空间的潜在抵达人流或可达性对于目的地的选择会产生影响，这可以通过总体整合度来度量，而特定空间的潜在途经人流或穿越性可以用另一个总体指标"选择度"（choice）来度量。选择度指示某一空间处在系统中所有两两空间之间的最简洁路径上的程度，或简单说，这一空间有多大可能性被"途径"。[1]

就整个空间网络而言，街道构型对两种自然人流分布均有影响。一个是进出空间系统的人流或者说是内部和外部的地点之间的总体人流（global movement），其趋向于占据可达性高的空间；另一个是空间网络内部的人流，趋向于出现在具有较高穿越人流潜力的空间。

[1] Hillier, B. and L. Vaughan. "The city as one thing." Process in Planning, 2007, 67: 205-230. Hillier, B., R. Burdett, et al. "Creating Life: or, does architecture determine anything?" Architecture & Behaviour 3(3) 1987: 233-250.

空间句法的实证研究表明，总体整合度能强有力的预测自然人流的分布。然而，总体整合度的预测能力有赖于另一个被称为"可理解度"（intelligibility）的属性，其意味着空间的局部可见特征在多大程度上对于总体和空间位置的推断有较好的指引作用。这可以通过总体整合度与作为局部特征的"连接度"（connectivity），即与某一轴线空间连接的轴线空间数量的统计关联来度量。同时，空间系统的可理解度往往依赖于系统的整合度。

通过对自然人流的"低层级系统影响"，街道构型还可以有其他"高层级的影响"。

首先，对于社区的形成，街道构型通过对人流和其他相关的空间使用的影响能够生成一个潜在相遇的场域和更为重要的个体间的共同存在（co-presence）和随之的相互体认（co-awareness），这些可以被视为（自然）社区构建的部分原材料。这种潜在的相遇和共同存在的场域被称为"虚拟社区"（virtual community），是一种潜在的和未实现的社区和一种重要的社会和心理资源，是一个理解城市环境微观结构的关键理论概念。此外，一个虚拟社区具有一定的密度和结构。密度可以由人的使用和流通比率来衡量，称作为"相遇比率"（encounter rate）。结构是指特定的，在有不同使用需求的不同类人群之间的共同存在模式，如居民和非居民，男人和女人，成人和儿童等。

第二，人的行为会受到他们所预期的共同存在模式的引导。这是通过其"描述提取"（description retrieval）机制借由街道构型来推断的。描述提取是一种用于解读客观情境并进行推断的思维过程。在此前提下，人们的预期会成为一种对特定行为的认可。因此，某一空间中出现的不速之客可能违反这一认可，如伴随着恐惧和紧张反应的出现之时。

第三，通过对自然人流的影响，街道构型会对土地使用和建筑密度的分配有长期影响。这是通过一个动态的反馈循环而发生，也是重要的城市发展动力。首先，对那些更多依赖于人流的土地使用功能影响很大。如零售往往会选址于具有高人流潜力的空间，然后零售设施作为吸引因子而会产生人流的倍增效应（multiplier effect）；此外，这种倍增效应会反馈给其他土地利用方式，从而导致具有高人流潜力的位置的密度增加和被综合利用。一般来说，这种动态循环意味着一种基于人流（作为主要资源）和空间构型（作为主要手段）而生的城市经济学，或所谓的"人流经济"（movement economy）。[1]

3.5 社会赋予城市形态的法则

社会赋予城市形态的法则从本质上讲乃是从人类社会功能运作的角度来解释一般意义上城市形态（或其差异和同一）是因何而形成的。尽管因跨文化而存在着明显的城市形态差异（图 3.5.1），但某些不变或接近恒定的同一特性可以通过对轴线结构的图示和量化的分析来捕捉到。例如，不同城市的轴线图示通常是由一小部分长轴线和一大部分短轴线构成。此外，某种不变的"深层结构"（deep structure）可以通过对整合度最高的一部分轴线，即被称作"整合核心"（integration core）分布的分析来捕捉。整合核心所涉及的空间具有相对高的可达性，因此最有可能被进出空间系统的总体人流所使用。对于城市和小城镇最常见的整合核心模式有如"变形车轮"（deformed wheel），由一个轮毂和沿主要方向的轮辐，还有部分的轮缘构成，在轮子形成的间隙中通常为整合度相对低的住宅区（图 3.5.2）。

在基本的层次上，希利尔教授认为这些不变特性或共同点是根据"一般功能"（generic function）产生的，其与人占用空间的需求关联，比如可理解度和功能性。此外，在人居形态的演变中存在一种由一般功能驱动，借由空间生成法则来运作的"基本的人居进程"（fundamental settlement process）。

除了这一基本进程，还存在一个导致人居形态总体不变和地方差异的双重进程。一个是"公共空间进程"（public space process），这是由微观经济活动来驱动的一个进程，如市场、交易和贸易，并趋向于产生一个四海相同的全球化的空间格局，这是因为人类在微观经济活动在空间需求上是相似的。另一个是由社会文化力量驱动的人居进程（residential process），通过指定几何形态和生成独特的地方差异模式这一进程会对局域空间产生影响，因为文化在空间上是特定的。从根本上，这两种进程的不同影

---

[1] Major, M. D., A. Penn, et al. The Urban Village and the City of Tomorrow Revisited. Brasilia, University of Brasilia, 1999: 52 (51-18).

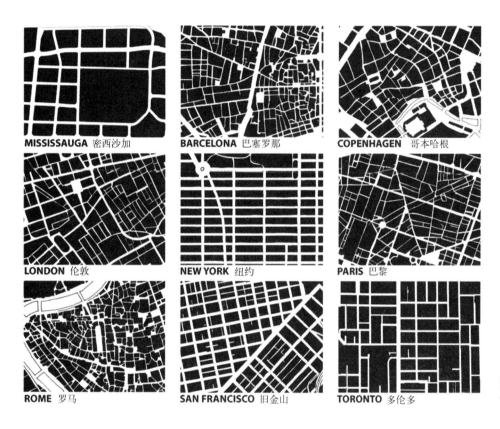

MISSISSAUGA 密西沙加　　**BARCELONA** 巴塞罗那　　**COPENHAGEN** 哥本哈根

LONDON 伦敦　　**NEW YORK** 纽约　　**PARIS** 巴黎

ROME 罗马　　**SAN FRANCISCO** 旧金山　　**TORONTO** 多伦多

图 3.5.1　一些国外大城市的城市肌理之差异

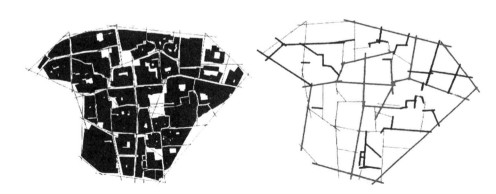

图 3.5.2　法国小镇 Apt 的整合核心呈变形车轮的模式

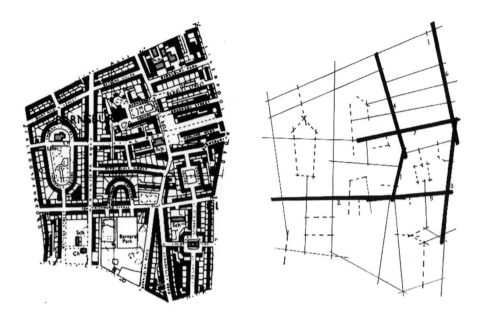

图 3.5.3　英国伦敦中心城区北部的 Barnsbury 区平面图和整合度分析图示

响是由于其对于生成或抑制潜在的人不同的活动的需求而产生的。一般来说，人居形态类型差异可以被看作是对潜在于双重进程背后不同力量平衡的结果。

　　以英国伦敦为例，变形车轮结构在城市局部区域的延续表明微观经济力量的强大影响。一个典型的例子是位于伦敦中心城区北部的 Barnsbury 区，其是在 19 世纪渐进发展起来的。如图 3.5.3 所示，Barnsbury 区的"不完全变形车轮"（由整合度前 10% 的轴线构成，以粗黑线显示）的轮毂是一个靠近区域中心的短轴线，被称为"村庄轴线"（village-line），它是由局部网格变形来界定的，并且距周围的主要道路只有一步之遥的空间转折。同时这一空间是整合度最高的空间，即区域的句法中心，并与主要地方商店、酒吧和停车库连接。[1] 变形车轮的轮辐是由几个比较长的轴线构成，提供边缘与中心的连接，轮缘则是由部分周边道路构成。与此同时，整合度相对低的轴线（以点画线显示）大部分靠近整合核心，且主要环绕区域中的花园广场分布。总的来说，这种局部区域的结构方便来自区外的陌生人的进出，同时提供了与居民紧密联系并受

[1]　Hillier, B. "The Nature of the Artificial." Geoforum 16(2) 1985: 163-178.

自然监控的界面。

此外，在广义上讲，空间秩序的类型化差异可被视为空间文化差异的表现形式。简言之，空间文化就是某种与社会和文化条件相关联的独特的组织空间的方式，参与社会关系组织原则的生产和再生产。一般来说，当存在两种不同类型的空间文化，它们在空间实现中则基于完全不同的社会体制和优先权。如其中一种在特性上更为实用及生活化，其空间组织的原则主要用于产生人的流动和人与人之间的界面，与人们的日常生产和交换的功能运作不可分割。伦敦就是这种空间文化的一个典型例子。相反，另一种更具象征性，也就是说空间组织的原则主要是用来强调具有象征意义的场所。空间组织参与社会再生产，以表达特定形式的意识形态和权力。这种空间文化的代表案例可列举出特奥蒂瓦坎（Teotihuacan）、凡尔赛宫和巴西利亚等。

最后，基于对埃米尔.涂尔干（Emil Durkheim）[1]界定的"社会连带"（social solidarity）的解读，第一种类型的空间文化趋向于参与"有机连带"（organic solidarity）或"空间集聚"（spatial grouping）的生成。这种有机连带的形成是基于差异的相互依存，如由劳动分工所产生的结果，并需要整合和密集的空间组织。而另一类型的空间文化往往参与"机械连带"（mechanical solidarity）或"跨空间集聚"（tran-spatial grouping）的生成。这种机械连带的形成是基于相似的信仰和组织结构的一体化，需要隔离和分散的空间组织。

3.6　整合的形态学分析：途径方法的界定

针对本书所要探讨的问题和其多维复杂性，在随后章节的实证研究中笔者采取了一种整合的形态学途径方法，也就是整合类型形态学、建成形式分析和空间句法构型分析的途径方法。研究关注两个层面或尺度，首先是住区整体规划设计层面，涉及住宅建筑、公共设施、街道交通和开放空间的组织布局，其次在街区层面，涉及局部的建筑、街道和开放空间的形式空间特征。

---

[1]　Durkheim, E. The division of labor in society. Glencoe, Free Press, 1964.

　　建成形式分析的主要元素包括：规模、密度、边界，住宅建筑，公共设施，街道交通和开放空间。空间句法分析的方法主要涉及轴线模型的相关图示和定量分析。本书实证研究中轴线模型的范围只限于住区用地范围。研究中对于整合核心的分析，按照以往相关空间句法研究的惯例选取空间系统中依整合度数值大小排序，取占前10%的轴线空间进行观察分析。[1] 其他一些具体的分析方法手段将在后面的实证研究章节里进一步阐述。

[1] Peponis, J., E. Hadjinikolaou, et al. The spatial core of urban culture. Ekistics 334/335(Jan/Feb, Mar/Apr) 1989: 43-55. Hanson, J. Order and Structure in Urban Design: the plans for the rebuilding of London after the Great Fire of 1666. Ekistics 334/335(Jan/Feb, Mar/Apr) 1989: 22-42. Klarqvist, B. Spatial properties of urban barriers: Analytical tool for a virtual community. First Space Syntax Symposium, London, 1997.

第四章

从胡同到小区——城市街区的解体

从 1949 年新中国成立到 1978 年实行改革开放政策，再到 1992 年开始的住房制度改革，中国现代住区规划设计在这一近半个世纪的历史时期逐渐形成了与传统住区规划设计不同的小区规划设计模式。本章通过对处于这一时期前三十年不同时间段，主要选取北京的代表性案例进行解析，以阐述在住房制度改革前的计划经济条件下住区形态的特征与历史印记，形成对小区模式转变的城市形态学认知。

本章对选取的七个案例（图 4.0.1）按照时间先后顺序进行分析。每个案例的分析基本按照如下结构：首先是背景信息的介绍，接下来对住区建成形式的要素逐一进行分析，最后，通过对住区街道网络空间构型的轴线模型的图示分析，以揭示出影响住区功能运作的深层空间结构。其主要涉及整合核心的格局和空间分布，与其他建成形式元素的关联，与此同时对整合度相对低的空间的分布，即整合度低于所有轴线整合

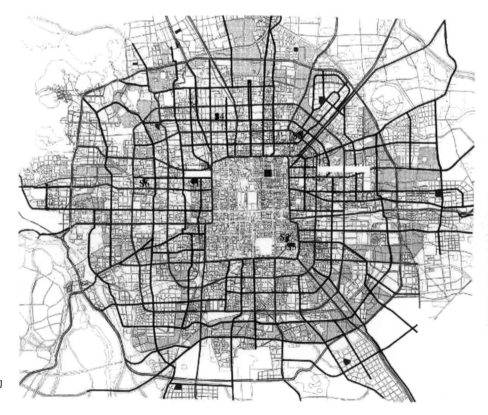

图 4.0.1 传统住区与小区案例的位置图

度平均值的那部分轴线空间也给予关注。

4.1 胡同＋四合院：传统住区（H）

　　说起北京新中国成立前的传统住区形态，很快就会想到老城内一片片由胡同和四合院编织起来的历史街区。这里所研究的属北京老城 25 片历史保护区，位于老城偏东北的位置，西边毗邻南锣鼓巷的一个街区（图 4.1.1、图 4.1.2）。整个片区占地约 43.08hm²，占地东西长大约有七百多米长，南北长约六百多米，容纳人口约为 1.7 万人。片区南边界是城市主干道张自忠路，设有两处公交车站，沿街界面主要是由一些大院落的围墙与院门构成（图 4.1.3），东西边界也是由城市干道界定的，各设有两处公交车站，沿街界面主要是商业店铺（图 4.1.4），东边的东四北大街设有地铁 5 号线的出口；北边界是保留的香饵胡同，与之毗邻的是 2003 年前后建成的交东危改小区，由三个相近大小（约 200m×200m）的门禁社区构成。[1] 现存的香饵胡同（图 4.1.5）与门禁社区之间的界面是停车通道和铁艺围栏（图 4.1.6）。

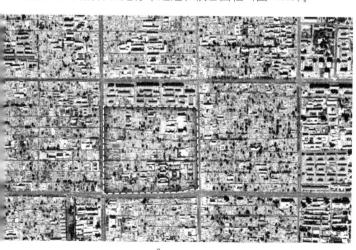

a   b

图 4.1.1 传统住区案例用地现状（卫星照片）

---

[1]　三个门禁社区总占地约 11.8hm²，容积率约 2.35。

纵观整个片区，现状城市肌理主要还是由均质错落的民宅四合院构成。除了几处保存较好的名人故居，如田汉故居、欧阳予倩故居外，其他民宅四合院由于不断的搭建，内部院落的形态变得错综复杂。除了保留的传统民宅，片区内还留有一些具有历史价

■ 住宅

■ 公共设施

1 学府　2 文庙　3 法院　4 公安局　5 旅馆　6 公主府

7 王府　8 官宅　9 中学　10 工厂　11 消防站　12 警察局

图 4.1.2　传统住区现状总平面图

图 4.1.3 片区南边界景观

图 4.1.4 片区东西边界景观

图 4.1.5 香饵胡同一瞥

图 4.1.6 片区北侧毗邻门禁社区

值的尺度规模上较大的祠堂院落、府邸或官邸等历史存遗，主要集中分布在片区的南部地块。沿张自忠路从东向西有段祺瑞执政府、和敬公主府和孙中山行馆；在府学胡同西端有顺天学府，文天祥祠和府学胡同 36 号。虽然整个片区的历史风貌得到了一定的保护，但也难逃现代建筑的侵入。一些四合院被替换成多层的住宅板楼，还有一些后来陆续建造的工厂、办公楼、宾馆、法院和学校。虽然这些建筑在一定程度上是对原有城市肌理的破坏，但同时也丰富了老街区的城市功能。

与构成街区肌理的四合院相辅相成的是狭窄的胡同，是四合院建筑的外砖墙与院门构筑了胡同这一独特的街道空间。由一条条胡同编织起来的街道网络布局在图 4.1.7 中被清晰地呈现出来。和周边宽大的城市干道相对比，胡同网络如同纤细的血管，最宽处只有约 6m。总体街道格局基本是一种断续的格网状（Interrupted grid）。其显著的特点是许多由内部胡同和向周边干道延伸出来的"死胡同"。作为这种街道格局的一种结果，整个片区被分割成几个外围较大的不可穿越的街区地块和一些处于片区中部的较小街区地块（图 4.1.8）。

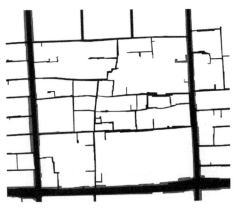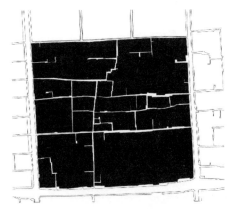

图 4.1.7　传统住区案例街道广场及交通组织　　图 4.1.8　传统住区案例地块划分平面示意图
　　　　　平面示意图

基于上述对这一片区的建成形式的分析，下面通过由空间句法轴线模型生成的整合度图示来对其住区空间构型特征作进一步分析。在图 4.1.9 中，整合核心由（全局）整合度排序最靠前的占轴线数 10% 的轴线构成（用粗黑线标出），并按整合度由高

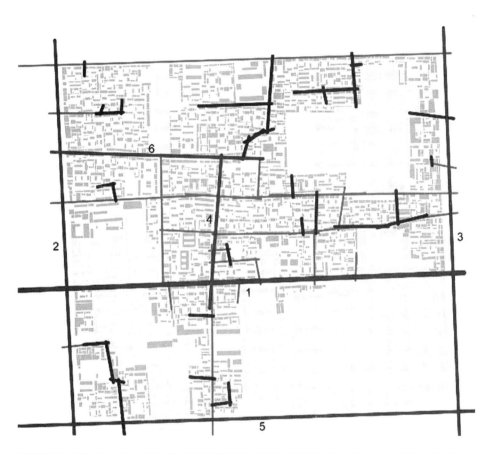

图 4.1.9 传统住区空间整合度图示
(注：图中数字为空间整合度数值的排序)

到低标出了序号，其中整合度最高的轴线用最粗的黑线表示；相对应，低整合度轴线，即全局整合度低于整个轴线结构平均值的轴线，在图示中用深灰线标出。整合核心所对应的街道空间是空间（拓扑）可达性最高的空间，因此也是进出住区的人流最易抵达和集聚的地方。

如图 4.1.9 所示，整合核心涉及周边所有的城市干道，并在府邸、官邸和祠堂院落聚集的地块周边形成回路，但未构成南北方向的通路。整合度最高的轴线所穿越的空间是贯穿东西的府学胡同（图 4.1.10），作为片区最可达的城市公共空间或片区的公共中心与其相连接的公共服务设施主要有西端的顺天学府和文天祥祠（现为府学胡同小学），中部的东城区法院，东端的办公楼和宾馆设施。与府学胡同相接，排序第二和

| 图 4.1.10　作为公共中心的府学胡同 | 图 4.1.11　作为传统住区生活中心的北剪子巷 |

第三的核心轴线穿越两条南北向城市商业干道，排序第四的核心轴线所涉及的空间是靠近片区几何中心的一条内部南北向胡同（北剪子巷），这里设有一些生活服务性的小店铺、菜市场，可以被看作是整个片区的生活中心（图 4.1.11）。接下来，排序第五的核心轴线穿越南边的城市干道将府邸或官邸院落的入口连接起来。最后，排序第六的核心轴线穿越大兴胡同与府学胡同平行，形成生活中心与西侧城市商业大街的另一个联系通道，并与东城区公安分局连接。

　　低整合度轴线图中深灰线所涉及的相对隔离的空间基本上是遍布街区内的与民宅四合院连接的胡同，其中大部分是死胡同，有三个空间还与整合核心直接连接，仅一步之遥。片区中的北京市第五中学和香饵小学虽然未与整合核心空间连接，但也未处于低整合度空间。通过对整合度图示的分析，可以看到整个片区的空间结构在整体上是向城市开放的，同时做到了与城市生活的良好衔接。对于非本片区的人，街道的空间结构支持他们进入到片区的核心空间与当地居民的生活发生接触，同时也趋向于引导他们以最简洁的路径离开，从而保持了居住空间的隐私性。对于本片区的居民，街道的空间结构支持他们对于城市级别和片区级别公共空间和设施的使用[1]。此外,片区的街道空间结构反映了形成这一街区的历史时期的封建社会的社会等级区分,也就是说社会等级高的住所(如官邸或府邸)一般具有较高的空间的可达性,等级较低的住所相应的会处于空间可达性较低的空间位置。[2] 而这也恰反映和适应了人流的活动空间需求,从而使这一空间系统达致稳定与平衡。

4.2 向苏联学习:百万庄(S1)

北京百万庄住宅区是 20 世纪 50 年代初第一批大规模集中建设的现代住宅区的典型案例(图 4.2.1),距北京老城边缘约有 1km,占地 21.09hm^2,在当时被列入北京的近郊新区开发项目中。项目为机关部委办公及相应配套设施的建设,为相关单位的职工和干部提供住房约 1510 套。按当时的户均人口 5.2 人计算,约能容纳 7846 人居住,其中单身 800 人。

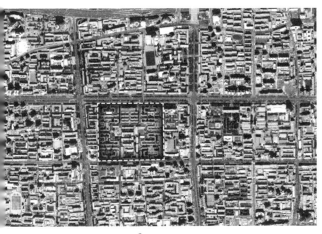 

a   b

图 4.2.1 百万庄住宅区现状(卫星照片)

---

[1] 就公制距离(metric distance)而言,由于片区尺度较大,商业大街上的设施,如店铺,公交站,其步行服务
    半径(500m)尚不能够覆盖片区的所有住宅和公建的使用。

[2] 这与对英国伦敦的城市社会空间分异研究的结果一致。

由于当时新中国尚缺少住区规划设计的经验，项目是在苏联专家的指导下于 1953 年规划设计，1957 年建成使用，因此受到当时苏联规划设计的很大影响。20 世纪 50 年代初，苏联住区规划已形成了自己的"小区"模式（俄语是"mikrorayon"，英文为"micro district"）。这一小区模式与佩里的"邻里单元"模式有着一定的相似性。有学者认为邻里单元的思想是经由斯堪的纳维亚半岛传入苏联的。[1] 同时，苏联的小区模式起源于苏联经济学家斯特鲁米林（Strumilin）设想的由理想的社会主义集体生活单元（communal living unit）所构成的未来城市。[2] 每个集体生活单元可容纳 2000～2500 人居住，其中建有一座工厂，六栋被称作为"公社宫殿"（commune palaces）的公寓大楼，一个集体食堂，几个日托中心，和充足的绿化空间。斯特鲁米林的意图是通过集体生活来培养集体意识或"消除极端个人主义和利己主义"[3]，同时通过提供集体食堂和儿童护理设施，使妇女从家庭中解放出来去从事社会工作。

图 4.2.2 是当时规划设计总平面图的还原，图为几十年来由于加建和拆改，实际的街区布局已有改变，尽管总体布局未有变动。从图中可以看到，基地北侧建筑沿规划主干道退后形成一个沿东西向的窄条绿化带，现在还有保留（图 4.2.3），基地西侧建筑沿规划主干道退后有 100m 左右，形成较大的一块空地，现在是一些 20 世纪 60 年代建的住宅楼和西南街角的商业设施。基地南侧是城市支路（现在的百万庄大街），建筑沿街退后约 9m，现在已拓宽为城市次干道（图 4.2.4）。

基地内的建筑在空间格局上呈现出非常强烈的几何秩序和对称。南北向与东西向的中轴线交汇于中心的小公园，沿东西轴线与小公园连接的是一所小学（图 4.2.5）和一个购物中心（图 4.2.6），小学的中心布局体现了邻里单元的理念，但购物中心的布局与邻里单元所建议的周边布局有所不同（但在经年使用后已在其周边形成星星点点的小型商业设施）。沿南北中轴线展开，向南规划设置了一座与中心公园毗邻的集体

[1] Grava, S. The urban heritage of the Soviet regime: The case of Riga, Latvia., Journal of the American Planning Association 59(1)1993:14, P26.
Lu, D. Travelling urban form: the neighborhood unit in China. Planning Perspectives 2006 21: 380-382.
[2] Frolic, B. M. The Soviet City. Town Planning Review, 1964, January, P285-286.
[3] White, M. P. Soviet urban and regional planning: a bibliography with abstracts. London: Mansell,1979, P10.

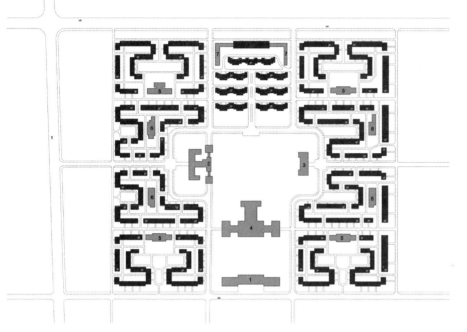

1 办公楼
2 购物中心
3 小学
4 食堂和办公
5 托儿所 & 幼儿园
6 锅炉房
7 车库
8 单身宿舍

■ 住宅
■ 公共设施

图 4.2.2　百万庄住宅区规划设计总平面图

图 4.2.3　百万庄住宅区北侧沿街退后，图左侧为绿带

图 4.2.4　百万庄住宅区南侧沿街退后

图 4.2.5　位于百万庄住宅区中心的小学

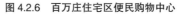
图 4.2.6　百万庄住宅区便民购物中心

图 4.2.7　百万庄住宅区联排住宅

食堂和一栋外观宏伟的沿街办公楼。现在食堂、办公楼和中心公园都已不复存在，被后来兴建的几栋多层住宅楼和沿街的小学扩建的分校所取代。沿南北中轴线向北是一个对称布局的住宅组团，包括为单位高层干部提供的四排两层联排小住宅（图 4.2.7）和地面车库，和一栋沿街外向设置的三层高内走廊式单身宿舍，现在已改建为一栋高层办公楼。

基地内剩余的建筑是由沿中轴线对称布局的四个相近的占地约 3hm² 左右的住宅组团，每个组团内都有两个住宅院落（图 4.2.8）。院落住宅的建筑风格统一，具有一定中国传统特色，主要特征是覆瓦的四坡或两坡屋顶和具有中国传统图案装饰的建筑细部（图 4.2.9），这可以被看作是对当时"社会主义内容，民族形式"精神的响应。[1] 但这些院落的组织与欧洲的周边式街坊相像，由三层高的外向入口的多户住宅围合而成，但采取了比较复杂的"双周边式"，形成了由建筑背面围合的窄长的半私密院落空间（图 4.2.10），由周边街道凹入的一字形（沿东西方向）和 T 字形（沿南北方向）半公共广场式绿地空间（图 4.2.11），这种形式的组织在 20 世纪初的伦敦田园郊区的规划设计中和阿姆斯特丹工人住宅区的设计中都有所见。

---

[1]　Lu, J., Ed. (2001). Modern Urban Housing in China 1840-2000. London, Prestel Verlag. 20 世纪 50 年代初，现代主义在苏联和中国是受到批判和排斥的，认为其是一种资本主义审美观的反映。

图 4.2.8　百万庄住宅区建成之初住宅院落鸟瞰

a
b

图 4.2.9　百万庄住宅建筑具有中国传统图案装饰的建筑细部（a. 阳台细部；b. 入口细部）

图 4.2.10　百万庄住宅区由建筑背面围合的窄长
　　　　　　的半私密院落空间

图 4.2.11　百万庄住宅区 T 字形半公共广场式绿地空间

　　除了一般的职工家庭住宅，东侧的四个街坊院落在沿边界处设置了四栋单身宿舍（图 4.2.12），在沿南北边界的四个院落中，靠近组团中心的位置各设置了一体化的托儿所和幼儿园，在其余四个院落的内向庭院中各设置了一个锅炉房和耸立的烟囱（图 4.2.13）。现今，托幼建筑已被其他公共建筑用途所取代，单身宿舍也被改造成其他功能，有些在底层得到了加建扩充。院落的广场式绿地空间大部分已被不同类型的建筑所占用，尤其是东南角的院落中外来务工人员自行搭建了大量的简易平房，成为城市的棚户区（图 4.2.14）。

　　与建筑的空间组织相一致，小区的内部街道网络呈正交格局，形成大量的 T 字形交叉（图 4.2.15）。按照尺度的不同，街道系统由三个级别构成。第一个层级是 9m 宽的设有人行道的城市支路，包括连接东西边界与中心的两条通路，连接南北边界与中心的四条通路，还有处于中部与边界通路衔接的一个 U 形回路，这些道路将基地划分

图 4.2.12　百万庄住宅区单身宿舍　　图 4.2.13　百万庄住宅区锅炉房烟囱　　图 4.2.14　百万庄住宅区自行搭建简易平房

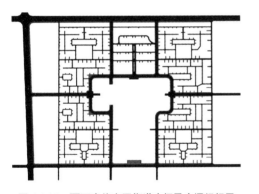
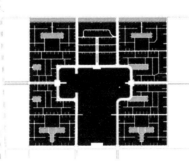

图 4.2.15　百万庄住宅区街道广场及交通组织平　　图 4.2.16　百万庄住宅区地块划分平面示意图
　　　　　　面示意图

为六个相对独立的街区（图 4.2.16）。第二层级是对由城市支路划分的街区进行进一步划分的 3.5m 宽的街区级小街道。第三层级是约 1.8m 宽的分布于街坊内的有如中国传统窗花图案的小路径。

　　通过对整合图示的分析（图 4.2.17）可以发现，住区的整合核心呈中部打断的格状分布，最为整合的空间不是位于住区中心的空间而是沿西边界只与一些住宅入口连

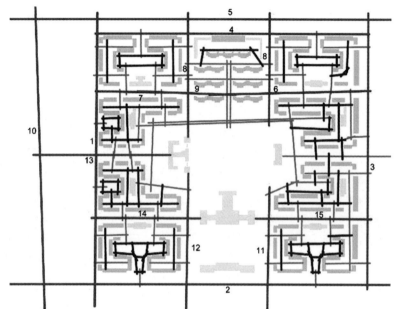

图 4.2.17 百万庄住区空间整合度图示
（注：图中数字为空间整合度数值的排序）

图 4.2.18 百万庄住区整合度最高的街道

接的小路（图 4.2.18），成为步行和自行车进出住区的枢纽。对于非本住区的人来说，住区的空间结构倾向于引导他们在住区的外围活动，而非轻松的穿越，形成在南北侧住宅院落外围的环绕，同时通过引导他们较易抵达处于中部的购物中心和食堂。由于住宅院落的入口是外向的，非本住区居民的人流活动与住区居民之间的生活形成了非常紧密的联系界面。对于住区的居民来说，住区的空间结构使他们易于抵达周边道路，形成与周边办公设施的连接。同时，其他设施，如托幼、购物中心和食堂，还有单身宿舍都具有较高的空间可达性。小学虽没有与整合核心连接，但其可达性也在平均值以上。住区中相对隔离的空间（见低整合度轴线所处空间）则主要处于双周边式院落背向围合的院落空间和凹入的广场式绿地空间，这使得背向庭院成为较为消极的空间，使得一些住宅单元的入口较隐秘，形成与住区内部人流活动的分离。

4.3 中国街坊：幸福村（S2）

1957 年设计建造的幸福村住宅区位于北京老城的东南部,靠近天坛公园(图 4.3.1)。在当时，是为内城中心的拆迁户而在外城的边缘地带建设的住宅区。在约 12.11hm² 的梯形用地上，计划提供 1000 套住房，约可容纳 5000 人。由于 20 世纪 50 年代末，中国与苏联的关系开始恶化[1]，此项目没有得到苏联专家的直接参与和指导，而是由刚回国不久的留法建筑师华揽洪先生主持设计，称其为幸福村街坊设计。[2]

a   b

图 4.3.1　幸福村住宅区现状（卫星照片）

幸福村的规划设计（图 4.3.2）保留了基地内现存的两栋办公楼和一座电影院，同时也保留了一些树木。基地东侧边界有城市铁路线经过，其他三边为规划的城市主次干道。整个基地被三叉形的城市支路（宽 6m，两侧布置有人行道）划分成三块近似大小的街区（图 4.3.3）。街区内的家庭住宅基本上是 3 层高的外廊式低层集合住宅板

---

[1]　1953 年斯大林逝世后，苏联新领导人尼基塔·赫鲁晓夫旨在将革命性的共产主义意识形态转变为温和的模式，修正主义开始被接受，因意识形态的分歧等原因，中苏开始交恶。

[2]　华揽洪 . 北京幸福村街坊设计 . 建筑学报 1957.03。

楼（图4.3.4）。与百万庄住区的人均9m²居住面积相比，幸福村的住宅是按照人均4.7m²居住面积设计的，且避免了百万庄住区出现的几个家庭合用一套住房设施的问题。另外，每户沿开敞式的走廊布置，形成了独门独户的"空中街道"。[1] 在建筑风格上也借鉴了中国传统建筑的许多元素。

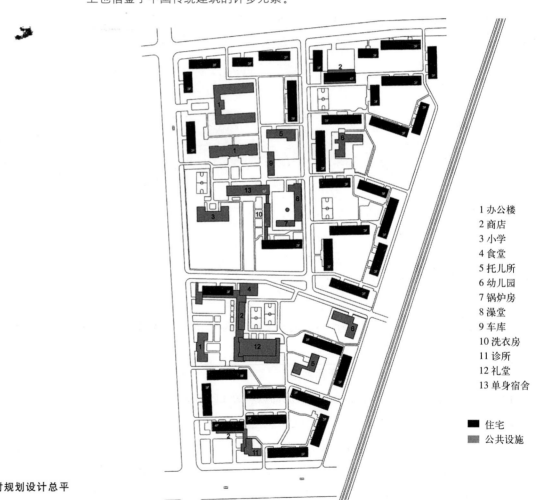

1 办公楼
2 商店
3 小学
4 食堂
5 托儿所
6 幼儿园
7 锅炉房
8 澡堂
9 车库
10 洗衣房
11 诊所
12 礼堂
13 单身宿舍

■ 住宅
■ 公共设施

图4.3.2 幸福村规划设计总平面图

---

[1] 这种形式的住宅在西欧很多。

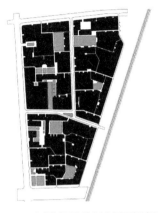

图4.3.3 幸福村区地块划分平面示意图　　图4.3.4 幸福村外廊式低层集合住宅楼

就家庭住宅的空间布局而言,幸福村的设计打破了百万庄双周边式街坊布局的强烈几何秩序和围合的封闭性,形成了一种不同于苏联模式的一种街坊式布局。通过南北与东西向的低层住宅楼的松散组合,形成了不同规模与程度相异的空间围合(图4.3.5),更利于建筑的日照与通风。同时,住宅楼的出入口与周边城市道路和住区内部的街道基本上保持了紧密的连接,大部分的街道都有对应的住宅出入口。但可能是出于对居住安宁的考虑,沿南侧城市干道和东侧铁路沿线,出现了住宅背对街道的设置。

每个街区内都设有公共服务设施与住宅混合布置。和百万庄小区一样,在靠近幸福村住区中心的位置设置了一个公共食堂,在每个街区内部都分设有托幼设施。但不同于百万庄的是,一所9班的小学位于用地边缘,商业设施被分散设置在基地的外围,从而避免了非本住区的居民为了使用这些设施而进入到住区内部所可能形成的干扰。三处商业设施的设置都采取了从边界退后形成广场的形式,沿北边界是利用住宅底层(图4.3.6),沿西边界是作为礼堂的裙房,沿南边界也是利用住宅底层,与一个小诊所形成街角广场(图4.3.7)。同时,与百万庄单身宿舍和锅炉房的多栋分散混合布置不同,幸福村集中设置了一栋6层高的单身宿舍楼,与之毗邻是一个洗衣房和一个集中锅炉房与公共浴室。

幸福村的住宅和公共服务设施是通过街区内的3m宽的小路和1.5m宽的小径所编

图 4.3.5 幸福村围合院落

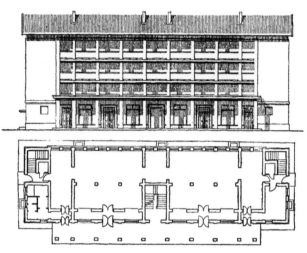

图 4.3.6 幸福村设置底商的住宅平、立面

图 4.3.7 幸福村街角广场

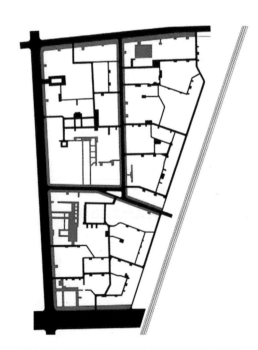

图 4.3.8 幸福村街道广场及交通组织平面示意图

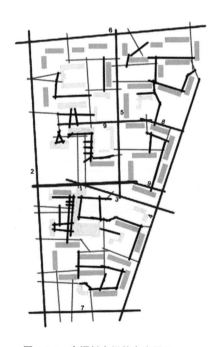

图 4.3.9 幸福村空间整合度图示
（注：图中数字为空间整合度数值的排序）

织的略显错综复杂的街道网络连接起来的（图4.3.8）。街区内用于步行的铺地面积有较明显的增加，出现了分离的步行小径。整个住区的街道系统将用地划分成错动拼接的一些小地块，同时形成了一些不同形状的自由分布于住宅围合空间中和公建前面的岛状绿地，可作为花坛、小花园、室外活动场地等使用（参见图4.3.3）。

通过对街道网络的空间构型分析发现，幸福村的整合核心涉及住区所有周边道路和内部城市支路，还形成了北侧两个街区内部设施（公共浴室、幼儿园）的空间连接（图4.3.9）。最为整合的空间是从西侧城市干道连接住区几何中心的城市支路，恰正是集体食堂的位置所在。住区中整合度低的空间主要分布在围合院落中的宅前路，还有办公楼、电影院、小学、托儿所、单身宿舍和洗衣房的入口空间。这种空间结构使住区对于城市呈开放的姿态，有利于城市街道活力的塑造和妇女从家庭中解放出来到外面去工作。同时，使那些人流、物流聚集较多的公共使用设施与需要安宁的托儿所、住宅院落在空间上保持一定距离，减少了城市与住区交通使用上的交叉干扰。

4.4 城市人民公社：龙潭湖（S3）

龙潭湖住区位于幸福村的东南方向不远，住区南侧毗邻龙潭公园（图4.4.1）。在1964年开始规划设计的时候，中国与苏联的外交关系已经破裂，极左思想主导了当时的城市发展。与当时苏联的修正主义相反，在1958后伴随着大跃进时期的开始，中国在社会经济发展中采取了更为激进的路径。根据马克思主义理论，其基本的政治思想是消除城乡差别，工农之间的差别，脑力劳动和体力劳动之间的差别，城市发展的宗旨则是为无产阶级政治，社会主义生产和劳动群众的民生服务。[1] 为了实现向共产主义社会转型，高速的工业化被认为是必要的前提。为了满足迅速增长的城市人口，在住房发展方面的重点是低成本和批量生产。同时，在1958年后为增加农业的集体化和提高粮食产量。作为组织和生产单元和一种新的社会机制"人民公社"已在农村地区进行实践尝试的"人

---

[1] Xie, Y. C. and F. J. Costa. Urban design practice in socialist China. Third World Planning Review 13(3)1991: 277-296.

a　　　　　　　　　　　　　　　　　　　　b

图 4.4.1　龙潭湖住宅区现状（卫星照片）

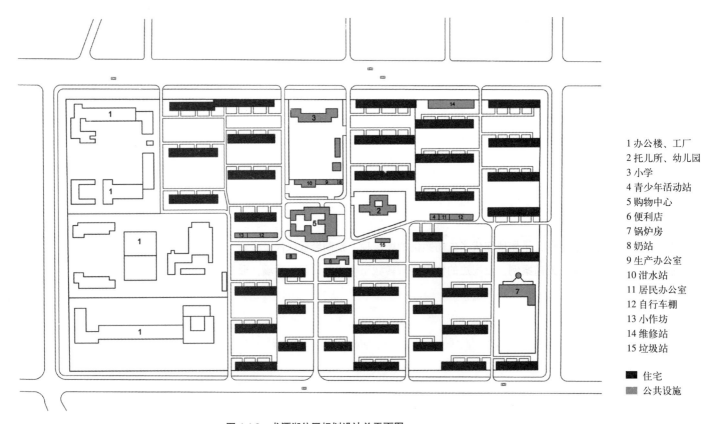

1 办公楼、工厂
2 托儿所、幼儿园
3 小学
4 青少年活动站
5 购物中心
6 便利店
7 锅炉房
8 奶站
9 生产办公室
10 泔水站
11 居民办公室
12 自行车棚
13 小作坊
14 维修站
15 垃圾站

■ 住宅
■ 公共设施

图 4.4.2　龙潭湖住区规划设计总平面图

图 4.4.3　龙潭湖住区建成时鸟瞰照片　　　　图 4.4.4　龙潭湖住区边界

民公社",[1] 在 20 世纪 60 年代初,则开始在城市地区推行。与在百万庄案例中提到的苏联经济学家斯特鲁米林的设想相近,人民公社也旨在促进一种理想的集体生活方式,不过它起源于农民经济意识形态,如今又试图在集体生活中整合生产和管理功能。

　　作为一个城市人民公社的范例,龙潭湖住区的规划设计（图 4.4.2）在 14.93hm² 的长方形用地上提供了 2425 套住房,可容纳约 9702 人。尽管用地内有较大的一部分是三个并联的单位大院,但人口密度较先前的两个案例有较明显的增幅,这主要是由于住宅层数的提高。住区内的居住建筑是清一色平行布置的 5 层板式公寓楼,只是沿东西向长短上与沿南北向位置上有所错动变化（图 4.4.3）。这些住宅楼的外观呈现出工业化标准设计与施工的特点,平屋顶取代了先前案例的坡屋顶,预制墙板取代了装饰的砖墙面。同时,不同于先前案例,沿周边的住宅楼背转城市街道并设置了围墙,形成封闭消极的城市界面（图 4.4.4）。在住区内部,通过围墙与住宅侧墙的南北向连接形成了内部住宅组团的封闭划分。总之,龙潭湖的居住建筑规划设计显示了德国包豪斯现代主义思想的影响,其更为关注住宅的基本功能,如采光和通风,注重简单和经济有效的解决批量生产的问题。

[1]　Lu, J., Ed. Modern Urban Housing in China 1840-2000. London, Prestel Verlag. 2001 P149.

在设施布局方面，一座独立式的购物中心被设置在住区几何中心，其他设施则围绕购物中心沿南北及东西轴线展开布置。在购物中心北侧，形成一个小围院，其中设置了一个奶站，一个党委办公及生产办公室和一个泔水站（用来收集喂猪的厨房垃圾）。再向北沿干道设置了一所小学。与先前两个案例不同，在购物中心东侧只集中设置了一所幼儿园和托儿所。在购物中心南侧沿东西向道路设置了一系列小型设施，包括小作坊、自行车停车设施、小店铺、垃圾收集站、青少年活动站和居民委员会办公室。此外，在住区的东南角设置了一个集中锅炉房，沿北侧干道设置了一个修理站，同时一些住宅楼的底层分散设置了一些小作坊和诊所，以满足工业生产的需要。

住区街道网络的几何形态呈树枝状（图 4.4.5），有多条由南北侧城市干道垂直进入的住区通路与处于中部的东西向街道连接形成多个并置的地块（图 4.4.6）。连接住宅入口的宅前小路则大多以尽端路的形式与这些南北向的通路直接连接。整个住区大致由沿南北中轴线设置的 Y 字形道路和中部的东西向街道划分成四个大街区。每个街区内的住宅与道路组织不再是街坊式的，而是采用了类似上海里弄式的布局形式。同时与先前的两个案例相比，用于步行的广场和人行道的面积大幅缩减，内部道路未设人行道，具有城市生活意义的岛状绿地不复存在。这些规划设计上的特征，在一定程度上可以被视为大跃进时期经济紧缩和反都市主义（anti-urbanism）思想的反映。

通过街道网络空间构型的分析（图 4.4.7）可以发现，最为整合可达的街道空间是

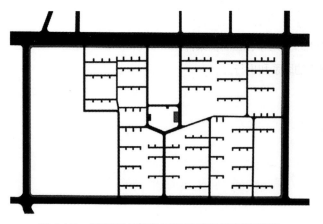

图 4.4.5　龙潭湖住区街道广场及交通组织平面示意图

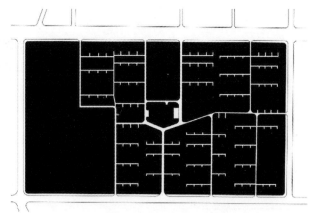

图 4.4.6　龙潭湖住区地块划分平面示意图

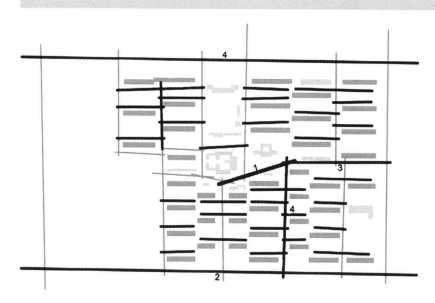

图 4.4.7 龙潭湖住区空间整合度图示
（注：图中数字为空间整合度数值的排序）

图 4.4.8 龙潭湖住区最为整合
的街道空间

位于几何中心的一段斜线路（图 4.4.8），连接着购物中心、幼儿园和垃圾收集站三个和日常生活使用最为密切的设施。这与伦敦有"都市村庄"之称的 Barnsbury 住区的最为整合的线性空间很相似[1]，是一个处于几何中心的短斜向线性空间与主要设施相连，并只需一个空间转折就可以与外围道路连接。整合核心的其他轴线空间涉及南北两侧的城市干道，并围绕住区的东南角形成中心与周边城市道路的连接。但值得注意的是，整合核心出现了在北侧城市主干道空间的断裂，从而会形成对北侧城市主干道人流进入的抑制作用。整合度相对低的空间主要是连接住宅的宅前路。总体而言，住区的空间结构对于非本住区居民是开放的，同时保证居民住宅的安宁隔离。对于住区居民来说，在便于使用内部日常生活设施的同时，也便于他们与周边城市的联系和出行。

4.5 第一次小区竞赛：塔院（S4）

伴随着中国的改革开放，1980 年 8 月北京市举办了第一次以塔院住宅小区规划设计为主题的居住区规划设计竞赛。此次竞赛是由政府与学术机构联合举办的，旨

[1] Hillier, B. and J. Hanson. The Social Logic of Space. New York, Cambridge University Press. 1984.

在促进居住区规划设计的发展，提升居住环境的品质。自小区规划的概念在 1957 年之后，就有学者和建筑师一直在进行不断的探索，而通过此次竞赛使其在居住区规划设计中的地位进一步得到了明确，为改革开放后小区规划模式的探索与实践提供了一个开端。

竞赛项目的选址位于北京西北方向，在三环路和四环路之间，总用地约 15.3hm²，南侧隔城市主干道是元大都古城墙遗址公园，北侧隔城市次干道与北京大学第三医院毗邻，东西两侧均为单位大院（图 4.5.1）。图 4.5.2 是从 72 个参赛方案中胜出并加以实施方案的规划设计总平面图。按照竞赛所设定的一些经济技术指标，此方案相比是最为实际可行的。指标主要有以下三个：1）人口密度达到 700 ~ 800 人 /hm²；2）至少每人有 1m² 的人均公共开放绿地；3）每个人对应的最大道路面积是 1m²。方案的具体建设的机制与改革开放前的现代住区案例有所不同，不再采用单位集资建设的方式，而是由市政府下属的地产开发集团来负责统一建设。

为达到每公顷 781 人的人口密度，或者说为了能够在现有用地上为 11960 人提供 2990 套住宅，塔院小区采用了高层住宅的形式。一共有 6 栋 18 层高塔楼（图 4.5.3）和 6 栋 12 层高板楼，其他为 6 层高的多层单元式住宅板楼（图 4.5.4）。在建筑风格上，整体与龙潭湖住区的住宅楼相似，具有工业化建造特点。

a b

图 4.5.1　塔院住宅小区现状（卫星照片）

图 4.5.3　塔院住宅小区十八层塔楼

1 商业设施
2 托儿所、幼儿园
3 小学
4 中学
5 青少年活动站
6 锅炉房
7 燃气和变电站
8 住房管理办公室
9 垃圾站

■ 住宅
■ 公共设施

图 4.5.2　塔院住宅小区规划设计总平面

图 4.5.4　塔院住宅小区 6 层板楼

在公共设施方面，一所幼儿园托儿所和一座青少年活动站设置在了住区中心附近，但它们的入口与南侧的城市干道却有着直接的视觉与可达性联系。小学则紧邻青少年活动站沿东侧设置，与城市支路有密切连接。在基地中部靠西，还设有房屋管理办公室（可以看作是新的管理模式的反映）和一座集中锅炉房。在塔院，与前述改革开放前的案例有着显著不同的是，沿南北侧城市干道集中设置了较多的面向城市的商业设施（图4.5.5），采取住宅底商与独楼的形式，形成商业街的氛围。面向住区使用的便利店则设置在南侧入口处的住宅底层。

图4.5.5　塔院住宅小区沿街商业

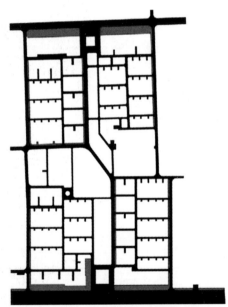

图4.5.6　塔院住宅小区街道广场及交通组织平面示意图

在街道网络的几何形态上（图4.5.6），塔院继承了龙潭湖的一些特点。如处于中心位置的短斜线路，平行错动设置的宅前小路和南北向串接的通路，形成里弄式布局。但不同的是，塔院有着更明确的街区划分（图4.5.7）。处于第一层级的城市支路将用地划分为四个街区，且都在单侧设置了人行道。此外，宅前路未采用尽端路的形式，

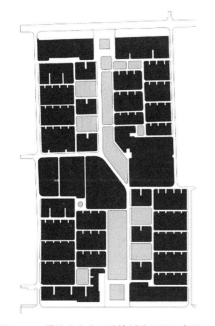

图 4.5.7　塔院住宅小区地块划分平面示意图

图 4.5.8　塔院住宅小区岛式开放绿地空间

而形成在住宅楼前后的环通，将地块进行了进一步的细小划分。与此同时，与龙潭湖项目形成反差的是，塔院提供了大量岛式开放绿地空间（图 4.5.8），它们结合高层塔楼沿中部贯穿南北的城市支路分布形成一条绿带，商业设施的临街步行道则被拓宽，形成线性的城市广场。

　　如图 4.5.9 所示，街道网络的整合核心涉及中部南北向贯穿的城市支路，北侧与西侧边界城市道路，并形成西北方向街区的环绕。而最为整合的街道空间则与百万庄小区的情况相似，不是中心的斜向路，而是沿西侧边界贯穿的城市支路（图 4.5.10），这是一条没有任何建筑出入口直接连接的消极交通道路。整合度相对低的空间涉及所有塔楼住宅的宅前路和大部分多层住宅的宅前路，还有街区内部南北向串接的道路。这种街道构型特征使得整个住区易于城市人流的穿越进出，同时也保持了街区内部的安宁。此外，除了沿南侧的便利店和城市商业设施，其余住区公共建筑设施都与整合核心连接，具有较好的空间可达性。

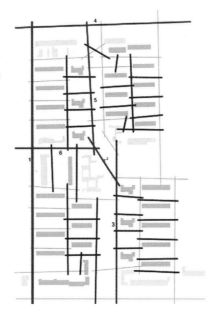

图 4.5.9　塔院住宅小区空间整合度图示 　　　　图 4.5.10　塔院住宅小区最为整合的街道空间
（注：图中数字为空间整合度数值的排序）

4.6　公园里的塔楼：西坝河（S5）

　　1978 年实行经济体制改革后，中国城市的发展出现了快速城市化的进程，同时，面临着土地资源的稀缺，住宅建设的政策是要增加居住密度，节约土地。与此同时，改善居住环境并使住宅建筑类型满足多样化的需求，而这些在塔院小区规划设计中都已有所体现，但在 1984 年规划设计的西坝河小区中则体现地更加明显（图 4.6.1）。

　　西坝河小区位于北京东北方向，15.66hm² 的用地基本呈三角形（图 4.6.2）。用地西南侧紧邻三环路，建筑沿道路红线退后 15m；用地西北侧沿西坝河展开，之间是城市绿化隔离带和一条城市次干道；用地东侧是一条城市支路。用地的西北与东侧边界沿住宅楼设有铁艺围栏。

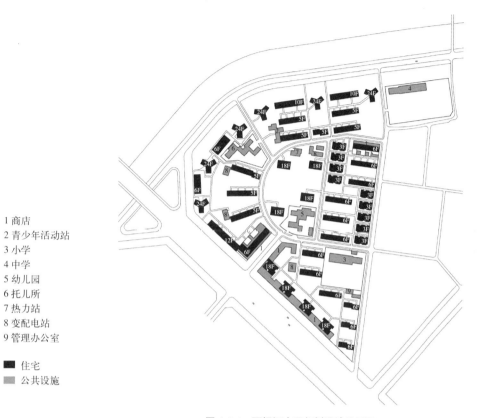

1 商店
2 青少年活动站
3 小学
4 中学
5 幼儿园
6 托儿所
7 热力站
8 变配电站
9 管理办公室

■ 住宅
■ 公共设施

图 4.6.1 西坝河小区规划设计总平面

a

b

图 4.6.2 西坝河小区现状（卫星照片）

在与塔院小区规模相似的用地上，西坝河小区可为 12866 人提供 3776 套住房。为了获得更高的人口密度，达到每公顷 821 人，高层住宅占据了主导，大约有 63% 的居民住在高层住宅中，高层住宅的样式也呈现多样化。在沿三环路一侧，有一栋 12 层板楼和四栋 18 层高带凹槽的塔楼；在沿西坝河一侧，有 6 栋 Y 字形的 24 层高塔楼；在用地中部半圆形街区的内部，围绕中心的小公园设置了 4 栋方盒子式的 18 层高塔楼（图 4.6.3），可以看作是现代主义大师勒·柯布西耶的"公园中的塔楼"理念的一个现实缩影。

除了不同样式的高层住宅，在外围四个街区内均设置了不同长短的 5 或 6 层高的多层单元式住宅板楼；在北侧的街区内有两栋 10 层高的中高层板楼住宅；在东侧的街区内还有成列布置的 9 栋三层高低层高密度短板楼，有着较大的进深（图 4.6.4）。

在西坝河小区中，公建设施大都沿城市道路设置。沿三环路一侧，通过住宅底商和高层塔楼底层裙房的形式设置了面向城市的沿街商业。面向住区的商业以裙房的形式，沿住区入口处的城市支路设置（图 4.6.5）。小学沿周边占据南侧街区的一隅，其入口也与住区入口处的城市支路连接。幼儿园与托儿所分别设置，幼儿园位于中央街区边缘，与城市交通干线三环路有直接的视觉空间联系；托儿所则与青年活动站面对

图 4.6.3　西坝河小区公园中的塔楼

图 4.6.4　西坝河小区底层大进深住宅

图 4.6.5　西坝河小区入口处底商

面，沿着通向西坝河的城市支路设置。

　　住区内部街道网络（见图4.6.6）大致有两个层级，第一个层级是6m宽的城市支路，两侧设有人行道。而小区中部的弧形支路在前述案例中是未有的，这样可更有利于抑制外部车辆交通的穿行；第二个层级是分布在街区内部的小路，基本上还是里弄布局的形式，由宅前路（大多是尽端路）和一条贯穿的路径构成。由图4.6.6可以很明显地看出，在每个街区的外围形成了环通的步行道，尤其是沿三环路和西坝河的人行道得到了拓宽，形成城市商业与休闲步道。在西坝河，只有一小块岛式开放绿地（图4.6.7），其他开放绿地与建筑结合设置，这也可看作是"公园中的塔楼"理念的体坝。

　　由街道网络构型分析（图4.6.8）发现，整合核心涉及的街道空间都是城市级道路，在空间分布上偏向南侧，并未形成西坝河一侧的穿越连接，由此会降低西坝河沿线空间的可抵达性和使用便利性。与塔院小区的情况一样，整合核心与住宅的入口没有任何连接。最为整合的空间是与住区入口、小学和幼儿园入口连接的一段城市支路。整合度相对低的空间全都分布在街区内的小路，涉及所有的尽端路。总体而言，西坝河的空间结构使城市街道具有较高的活力，住区是向城市开放的，方便穿越，同时保持

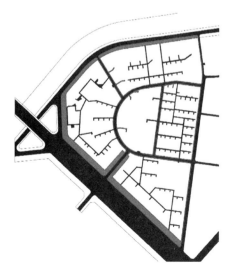

图 4.6.6　西坝河小区街道广场及交通组织
　　　　　平面示意图

图 4.6.7　西坝河小区地块划分平面示
　　　　　意图

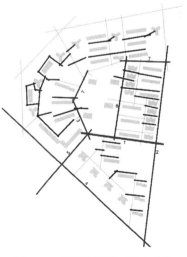

图 4.6.8　西坝河小区空间整合度图示
（注：图中数字为空间整合度数值的排序）

街区内部的安宁。除了托儿所和青年活动站，其他主要的公建设施都具有较好的可达性，便于居民与非本区居民的共同使用。与住区入口连接的城市支路由于处于整合核心并与经常性使用的设施连接，会形成较多的人流聚集使用，但伴随着私家车的大量使用，可能会造成交通拥堵混乱的问题，为住区的生活带来不便。

4.7 围合中的围合：恩济里（S6）

这是本章的最后一个案例——恩济里小区（图4.7.1、图4.7.2）。小区设计于1988年，完成于1993年住房制度改革开始之时。小区位于北京西部三环路和四环路之间，占地9.98hm²，规划建设1885套住宅，可容纳人口约6225人居住。到1998年底（住房制度改革最后一年），有3%的住房为个人购买，7%的住户为回迁的农民，其余住房归属于20个单位使用。1994年，在恩济里小区设立了一个物业管理公司来提供住房维修、街道清扫和邻里安全等服务，迈出了公共服务私有化第一步。[1]

a   b

图4.7.1　恩济里小区现状（卫星照片）

---

[1] Lim, L. Y. and S. S. Han. Residential property management in China: a case study of Enjili, Beijing. Journal of Property Research 17(1): 2000, 59-73.

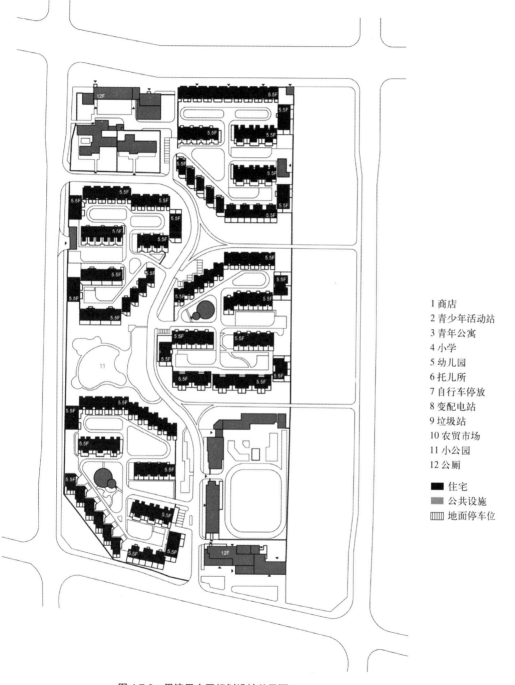

1 商店
2 青少年活动站
3 青年公寓
4 小学
5 幼儿园
6 托儿所
7 自行车停放
8 变配电站
9 垃圾站
10 农贸市场
11 小公园
12 公厕

■ 住宅
■ 公共设施
▨ 地面停车位

图 4.7.2　恩济里小区规划设计总平面

图 4.7.3　恩济里小区边界围栏　　　　　　图 4.7.4　恩济里小区主入口标识

　　小区用地的北侧是一条城市主干道，其他三侧为规划的城市次干道，且在东侧有一条城市绿化带。用地边界是通过简单的铁艺围栏来界定的（图 4.7.3），而且在住区南侧主入口处通过建筑小品进行了标识（图 4.7.4）。

　　区内住宅没有采用高层的形式，而是统一为 6 层高的单元式多层住宅，并采用了具有传统意象的坡屋顶（图 4.7.5）。通过南北向单元与局部东西向单元的拼接构成了布局形态接近的四个相对封闭住宅组团，在其内部形成了在大的空间围合下的小的空间院落围合。每个组团对应的住户数大约是 440 个，与当时一个居委会的管理规模相对应。当时居委会的工作人员通常是退休的老年人，能够有效地提供邻里守望，甚至帮助解决家庭事务。总之，恩济里的建筑空间组织模式是"围合中的围合"，其思想来源一个是纽曼（1972 年）的"防卫空间"，即塑造从公共到私有的不同层次空间领域，另一个是北京传统的四合院空间组织。

图 4.7.5　恩济里小区住宅院落鸟瞰

　　恩济里的公建设施也是成组团设置的。在住区的东南角，一所小学、一个青年活动站与一栋12层高沿街设置的带商业裙房的青年公寓（相当于以前的单身宿舍）构成一个组团。在住区的西北角，另一栋12层高带底商的青年公寓与托儿所和幼儿园构成一个组团。

　　在街道组织上（图4.7.6），秉承了层级设置的原则，内部道路似树状网络展开，设置了三个层级。第一个层级是贯穿住区的蛇形城市支路，将住区分为两个不规则形状的街区（图4.7.7），达到了设计通而不畅的意图初衷；第二个层级是所谓的组团级道路，主要包括连接城市支路与组团内部的通路，和组团内南北串接的道路；剩余的小路构成第三层级。在步行道的设置上，沿城市支路只提供

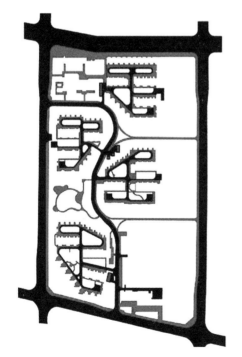

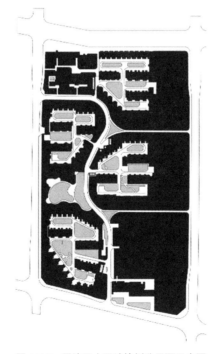

图 4.7.6　恩济里小区街道广场及交通组织平　　图 4.7.7　恩济里小区地块划分平面示意图
　　　　　　面示意图

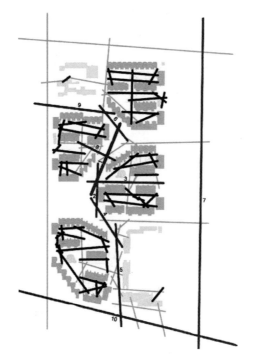

图 4.7.8 恩济里小区空间整合度图示
(注：图中数字为空间整合度数值的排序)

了单侧人行道，同时提供了连接内部小公园和东侧城市绿地的步行小径。此外，考虑到未来私家车的使用，在住宅组团入口处设置了少量停车位。在广场绿地的设置上，为商业设施提供了沿街广场，在住宅组团内部和沿城市支路提供了大量适于休闲聚会的岛式开放绿地（参见图 4.7.7）。

由街道网络构型的分析可以发现（图 4.7.8），恩济里的整合核心呈线性分布，未形成任何环通。涉及的空间包括：蛇形城市支路，南侧与东侧城市次干道，还有中部两个住宅组团的进入通路。最为整合的空间是蛇形路靠近中部的一段，这与龙潭湖的整合中心有相似性，但其与边界的连接需要两到三个空间转换，空间位置较深。整合度相对低的空间主要分布在住宅组团中的第三层级道路，且与住宅单元入口或首层院子的入口有直接的联系。除了青年公寓，其他主要公建设施都与整合核心有连接。总之，恩济里的街道空间构型特征使周边城市道路空间比较易抵达与方便使用，可支持人流对住区的穿越，又不是很直捷，但同时在中部因容易形成人流的汇聚，在空间上较易将外部人流引入中部的住宅组团，而形成一定的干扰。主要的公建设施具有较好的可达性，使居民和非本住区居民都能够便于使用，与之相对应的是住宅空间有较好的隐秘与隔离。

4.8 小结

城市形态学法国学派的主要代表人物菲利普·巴内翰在其著作《城市街区的解

体:从奥斯曼到勒.柯布西耶》[1] 中揭示和阐述了欧洲城市从传统城市到现代城市转型中所经历的城市街区的解体。这种解体主要表现为建筑与城市之间的分离，建筑不再是城市的一部分而是成为独立的个体。而从对本章的七个案例所做的解析中，也揭示和印证了从胡同到小区的历史转变中所经历的一个相似的城市街区解体的过程。

对于胡同街区中的四合院住宅其与土地权属划分有着一一对应的关系。胡同作为城市街道是由住宅院落的外墙与入口界定的，有着紧密的依托关系。在 20 世纪 50 年代的百万庄与幸福村两个案例中，虽然土地权属与住宅的对应关系完全解体，但住宅与城市街道的依托关系在一定程度上得到了保持，形成所谓的"街坊式街区"。在后来的龙潭湖案例中，人民公社思想与德国包豪斯的现代主义思想相结合，采用了成排内向布置的住宅板楼，大部分住宅建筑与城市道路分离，但在空间距离上只有一个转折，形成所谓的"里弄式街区"。

实行改革开放后，在塔院和西坝河案例中出现了点式的高层塔楼，使建筑与街道的关系进一步的分离。尤其是在西坝河案例中，柯布西耶式的"公园中的塔楼"的理念得到了诠释。不过总体而言，这两个案例基本延续了里弄式街区的布局。在最后的恩济里小区案例中，奥斯卡的"防卫空间"与中国传统院落住宅的形式相结合，更进一步加强了住宅建筑与城市的空间隔离，形成了内向层级院落式的城市住区。小区蛇形的城市支路，更加削弱了城市街区的感觉，具有了郊区化的倾向。

伴随着城市街的解体，这些在计划经济主导下的小区案例在住区规划模式上基本秉承了邻里单元的思想，形成由一定数量街区构成的城市住区规划建设单元，试图创建自给自足的社会组织。住区的规模以支撑一所小学为依据，并提供相应的一些公共设施和开放空间。但这些随着不同时期的城市转型发展，也会出现不同的变异。在公共设施的规划上基本上是由分散向集中共享变化。在改革开放后的几个案例中，出现了较大规模的城市级商业设施，但同时居住与办公不再相结合设置。

---

[1] 菲利普.巴内翰.著，魏羽力 许昊 译.城市街区的解体:从奥斯曼到勒.柯布西耶.中国建筑工业出版社，2011.

就空间结构而言，所列小区案例的内部街区在功能结构上附属于外部的城市空间，基本上保持了一种开放的与城市连接的态势，而主要的公共设施与城市街道都有较好的使用可能。

历史证明，基于小区规划设计形成的住区形态成功的满足了社会主义计划经济条件下社会生活对于现代化的需求，同时小区形态与当时均质的社会结构相对应，为现代主义规划设计思想在中国的成功实现提供了条件。

第五章

**市场经济条件下的门禁"社区营造"：
中国式超级街区的形成**

本章是对北京 9 个在实行住房制度改革后进行规划设计的私有门禁社区案例的城市形态剖析，其位置见图 5.0.1。这些案例是在市场经济转型后房地产开发的产物，主要为中等和中高收入者提供新的城市居所。这 9 个案例是由 9 个不同的房地产公司和 9 个不同的设计团队来实现的，可以说是这一时期住区形态和城市转型的典型写照。

值得一提的是，除了本章的第二个案例，其他案例都在不同程度上与国外设计公司进行了合作设计，主要涉及北美和欧洲的设计公司。这种合作的方式，有的是在一开始的规划就介入，如本章的最后 4 个案例。而其他案例是在后续的专项建筑设计或景观设计中介入。下面，按照用地规模的大小，由小至大对 9 个案例进行逐一剖析。

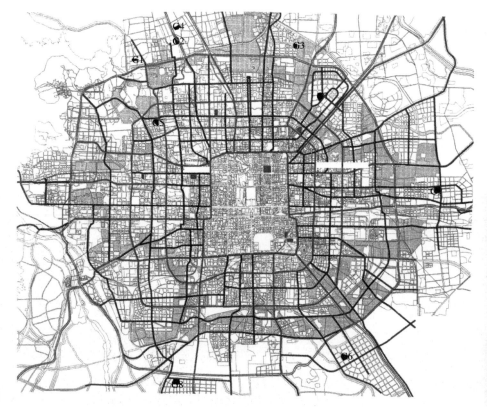

图 5.0.1　门禁社区案例的位置图

5.1 "新都市主义"：西山庭院（G1）

西山庭院位于北京十大边缘居住组团之一的西苑（图 5.1.1）。地处北京上风上水的西北方向，南向有颐和园和圆明园，西面有西山。除了靠近这些自然景观，在东向和南向还靠近上地信息产业基地和中关村科技园区，也就是所谓的"中国硅谷"。该项目的规划设计（图 5.1.2）起始时间是 2001 年，主要是由北京市建筑设计研究院承担的，同时有两家美国设计公司参与了建筑和景观设计。项目试图以"新都市主义"营造出一种新的居住模式，或者说一种新的都市生活方式，市场定位主要是成功的知识阶层专业人士。

9.88hm² 的狭长矩形用地由城市支路级别的道路环绕，周边是一些早先建设的住区和空置的农田，北侧还有一所大学的新校区。项目计划建设 639 套住宅，可容纳约 2045 人。用地边界设有北京传统风格的灰砖墙和铁艺围栏，并安装有摄像头和红外探测器（图 5.1.3）。整个住区共设置了三个有门卫的出入口，沿北侧长边（约 569m）的东侧为主入口，靠西侧是一个次入口，主要作为车行出入口，与之对应沿南侧长边设置了另一个次要的车行出入口，设置了道闸和岗亭（图 5.1.4）。

住区的主要公建设施以围合院落的形式集中设置在靠近主入口的东北角，包括一些小型便利店，一所幼儿园，物业管理中心，还有一座此前计划经济时期住区中所没有的会所（clubhouse，俱乐部），以为居民提供康体娱乐服务设施。同样是以院落的形式，

图 5.1.1　西山庭院用地（卫星照片）

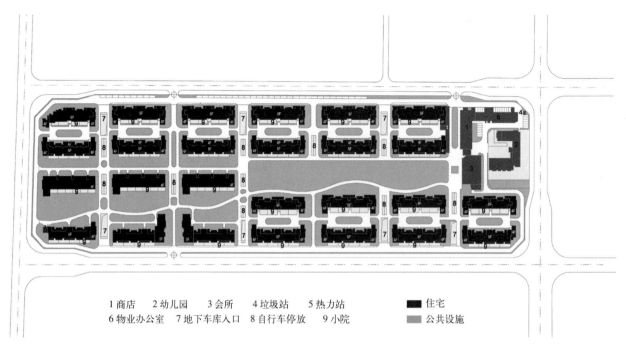

1 商店　　2 幼儿园　　3 会所　　4 垃圾站　　5 热力站　　■ 住宅
6 物业办公室　7 地下车库入口　8 自行车停放　　9 小院　　■ 公共设施

图 5.1.2　西山庭院规划设计总
平面

图 5.1.3　西山庭院边界围栏

图 5.1.4　西山庭院次入口道闸

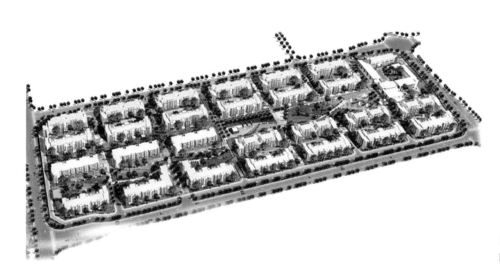

图 5.1.5　西山庭院规划设计鸟瞰图

26栋4层高的单元式多层集合住宅两两组合,形成13个内向围合的居住庭院(图5.1.5)。每个庭院对应 50 到 60 个住户。与边界围墙的传统风格相对照，住宅建筑却采用了美式的现代风格。

在街道交通的组织上（图 5.1.6），首先，沿基地周边利用建筑退红线 12m 的区域，设置了内部的车行环路，在外围连接住区的三个入口和公建设施，同时连接南北两侧设置的共 7 个地下车库出入口和北侧的一些供访客使用的地面临时停车位。在环路的内部则是一个完全步行化的内向街坊式超级街区，这可以看作是对美国 Radburn 模式和新城市主义创造步行环境的理念的一种体现。

内部街道网络的格局有如纽约曼哈顿街区路网的截取和缩小。在格状路网的基础上，一条蜿蜒的长散步道从会所前的小广场起始，向西经过带状独立地块的中央公园，并穿越三个住宅庭院终止于西南角，形成住区景观的变化（图5.1.7）。在景观的处理上，视觉轴线成为重要的手段。沿东西向的中轴线形成了会所、中央公园和远处的西山的视觉对景。同时，在住宅庭院内的岛状绿地之间形成了视觉贯穿联系（图5.1.8）。沿南北方向，在小街坊之间形成了多条林荫大道式的视觉通道。

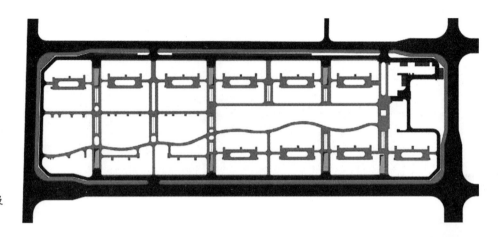

图 5.1.6 西山庭院街道广场及交通组织平面示意图

图 5.1.7 西山庭院内部视觉景观实景

如图 5.1.9 所示，住区空间的整合核心只涉及住区内部的街道，由几个 T 字形的轴线空间构成，且与住宅入口无任何联系。最为整合的空间是内部车行环路的北侧路段，第二整合的空间则是车行环路的南侧路段，剩余的核心空间是纯步行街道。整合度相对低的空间主要涉及住宅庭院，形成较私密的空间，同时住区东、西、南三边的城市道路

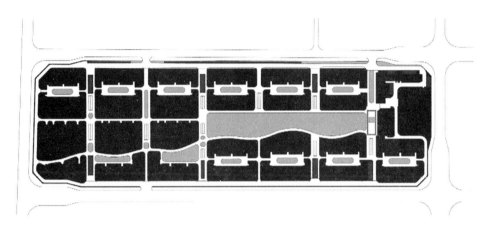

图 5.1.8　西山庭院地块划分平面示意图

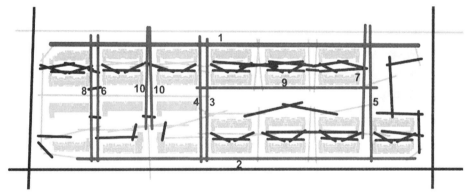

图 5.1.9　西山庭院空间整合度图示

（注：图中数字为空间整合度数值的排序）

都是整合度低的空间。这样的空间结构将会使这些城市空间隔离，缺少活力，人车流趋于在住区内部汇聚循环，尤其是在南北两侧的车行环路上，并主要通过北侧的两个出入口与城市连接，形成回路而不是穿越。住区的商业设施、会所、自行车停车设施和中央公园都与整合核心连接，具有较好的可达性，但幼儿园和物业管理中心的入口与低整合度空间连接，处于较隐秘的地方，可达性较差，形成与进出人流和住宅空间的分离。

5.2　"硅谷的后花园"：上地佳园（G2）

　　上地佳园项目坐落在西苑边缘居住集团东侧的清河边缘居住组团，项目的东侧紧邻京新高速和地铁十三号线的上地站,因此成为轨道交通沿线的住宅区开发(图5.2.1)。项目的规划设计(图5.2.2)是由当地的一家设计公司于2000年开始承担的,没有与国外合作。由于毗邻上地信息产业基地和中关村科技园,在广告中上地佳园被称作是"硅谷的后花园"和"公司主管的家园"。

10.5hm²的用地呈不规则的三角形,原本是一个鱼塘,建成的住区可为约3398人提供1062套住房。用地周边基本上是城市支路级别道路,在南边有一段为城市次干道。用地西侧是上地东里住区,南侧是北京体育大学的校园。用地边界西侧和南侧,沿用地红线设置了将近有2m高的绿色网状铁艺围栏(图5.2.3)。考虑到轻轨站点人流的使用,东侧边界则是由约500m长的商业裙房和步行街构成(图5.2.4),同时在北侧的街角设置了一栋高层商业办公楼。

整个住区在中部沿东西向相对设置了两个有门卫的出入口,西侧为主要的人行与车行出入口,东侧为辅助的人行出入口。两个出入口之间是一条步行的景观通道,贯穿两个入口广场和中间的一个椭圆形"社区广场"。在广场中心处设置了旱喷泉,成为整个住区的焦点。与西侧的入口广场连接,有一座幼儿园*,是住区内部唯一提供的公共设施。

就住宅而言,一共有四种不同的形式。在景观通道北部,沿东侧商业裙房退道路

a

b

图 5.2.1　上地佳园用地现状(卫星照片)

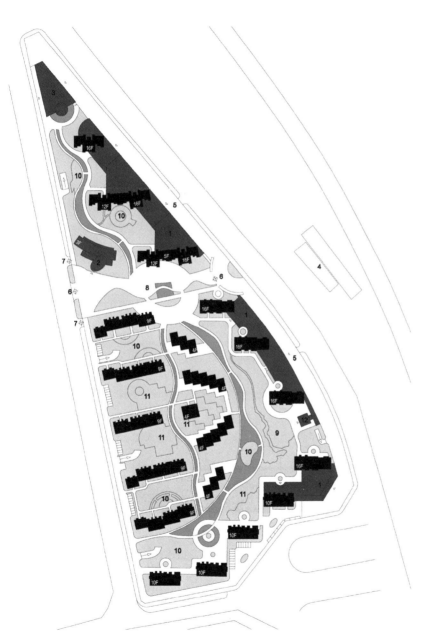

1 商铺
2 幼儿园
3 商业办公
4 轻轨站
5 商业街
6 步行入口
7 车行入口
8 喷泉广场
9 小公园
10 花园
11 林荫广场
12 物业办公室

■ 住宅
■ 公共设施

图 5.2.2　上地佳园规划设计总平面

图 5.2.3　上地佳园边界围栏　　　　　图 5.2.4　上地佳园沿街商业

红线约 15m，是 12 ～ 16 层高的单元式高层塔楼组合。在景观通道南部，沿东侧商业裙房和南侧周边（退道路红线约 12.5m）分别是 16 层高和 10 层高的单元式高层短板楼；沿西侧退道路红线约 11m，是一列平行布置的 9 层高的单元式中高层板楼；在中间被环绕的是一组 4 层高的叠拼别墅，每户有与室外直接联系的入口（图 5.2.5）。

　　与西山庭院规则的街道格局不同，上地佳园的街道格局有些不拘一格（图 5.2.6），基本属网格状和蜿蜒曲路、环路和尽端路的混合体。不过由于采用了与西山庭院相似的人车分离的思路，形成一个步行化的超级街区。车辆从西侧主入口单独设置的车行出入口进入，然后沿用地西侧和南侧的周边式尽端路抵达地下车库的出入口和一些地面停车位。同时，社区为老人或残疾人提供了住区内部专用的电瓶车。

　　配合不规则的街道格局，在景观的设计上采用了园林式的做法，在楼宇间设置了大量形态各异的花园和休憩广场，在靠近住区东南位置的腹地形成了一个带状独立地块的小公园（图 5.2.7、图 5.2.8）。同时，贯穿住区内部修建了一个人工水系，形成

图 5.2.5　上地佳园叠拼别墅

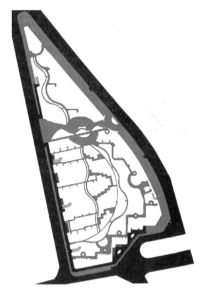

图 5.2.6　上地佳园街道广场及交通组织
平面示意图

图 5.2.7　上地佳园小公园景观

图 5.2.8　上地佳园地块划分平面示意图

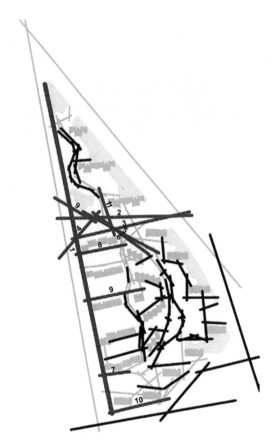

图 5.2.9 上地佳园空间整合度图示
（注：图中数字为空间整合度数值的排序）

对内部别墅区的环绕，犹如岛屿。可以说整个住区被设计成了一个大花园。

与西山庭院的情况相似，上地佳园住区空间结构的整合核心（图5.2.9）不涉及任何周边城市道路，最为整合的空间是沿周边与停车空间联系的尽端车行路。其他核心空间包括贯穿中部连接两个出入口的景观通道和从尽端车行路向腹地渗入的宅间步行路，因而与住宅入口产生一定的连接。低整合度空间则主要分布于水系、小公园和别墅区内部，同时涉及南侧和东侧的城市道路。总的来说，上地佳园的空间结构倾向于疏远周边城市街道，在内部汇聚和发散人流，使景观通道和周边车行尽端路成为交通的中枢，便于车辆与停车空间的联系使用，同时提供了在中部直接穿越的可能性。幼儿园具有较好的可达性。但街道构型不利于住区居民使用东侧的商业设施和处于住区外东南侧的城市小公园。

5.3 "后集体主义"：北京青年城（G3）

北京青年城位于奥林匹克森林公园东北方向的北苑边缘居住组团的边缘（图5.3.1）。12.54hm^2 的用地基本呈方形，北边和东边为城市主干道，西边是一条城市次干道，南边为城市支路。道路中心线的间距大致为400m。用地的北侧是已开发较成

a　　　　　　　　　　　　　　　　b

图 5.3.1　北京青年城用地（卫星照片）

熟的其他住区，东侧是一个花卉市场，属于城市绿带，南侧还在建设中，不远处有大型的家居购物中心，包括红星美凯龙和东方家园和北苑高尔夫俱乐部。

北京青年城的规划设计（图 5.3.2）是 2001 年由一家本地公司和新加坡一景观设计公司合作完成的，约可为 3628 人提供 1134 套住房。正如项目的名字所喻示，该项目的市场定位是青年白领。年轻和与之关联的健康与活力的影像被用来吸引年轻的购房者，同时开发商在销售广告中推出了所谓"后集体主义"的概念，用来吸引眼球。

青年的主题最明显的是通过建筑的外在语言来体现的。不是很高的铁艺栅栏配以彩色混凝土板（图 5.3.3），建筑外立面设计采用所谓的北欧简约主义，以简洁的白色为基调配以鲜亮色彩的点缀，烘托出明快的氛围（图 5.3.4）。特别是在住区南侧的主入口处，紧贴围栏后，一栋十层高可供出租的青年公寓与会所和销售中心形成一个具有相当标志性的综合体，吸引着人们的注意力（图 5.3.5），现在，会所已转为幼儿园使用。除了边界的围栏，用地西侧边界有部分的商业裙房，以及一所小学的入口和西南街角的一栋独立的商业综合体构成。

用地内部，住宅楼都采用了板式内廊住宅单元楼的形式，以平行错动的方式布置（图 5.3.6），这与城市人民公社的代表案例龙潭湖有相似之处。但不同的是，除了占

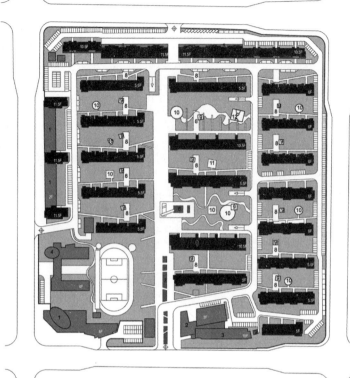

1 商业设施
2 会所
3 公寓
4 小学
5 底商
6 喷泉广场
7 浅水池
8 休息场地
9 凉亭
10 游戏场
11 太极广场
12 半场篮球

■ 住宅
■ 公共设施

图 5.3.2　北京青年城规划设计总平面

图 5.3.3　北京青年城边界围栏

图 5.3.4　北京青年城住宅外观

图 5.3.5　北京青年城主入口处的青年公寓　　　　图 5.3.6　北京青年城规划设计鸟瞰图

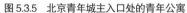

60% 左右的 6 层多层单元式住宅，还在北侧和中部混合设置了几栋 10 至 11 层的高层长板楼，在西侧结合商业裙房设置三栋 11 层高的短板楼。在北侧的一溜长板楼的底层设置了一些店铺。同时值得注意的是，有几个住宅单元的入口是面向城市街道设置的。

　　在内部街道交通的组织上（图 5.3.7），首先是利用北侧和东侧的住宅建筑退线空间设置了沿周边的内部半环形车道，与北侧的住区次入口连接；其次，连接南侧的主入口和西侧的次入口形成了一个内部的半环路，并通过三个东西走向的车行路与周边路连通。在半环路的内部形成了一个步行街区，在中部有一条贯穿南北的步行景观通廊，穿插着不同大小的广场，在中心处同样设置了一个旱喷泉广场，成为整个住区的焦点（图 5.3.8）。值得注意的是连接住宅单元入口的小路大部分被折成两段（图 5.3.9），在交叉的位置设置了一处带有小亭子的室外休息区，同时这些小路将内部街区地块进一步划分（图 5.3.10）。

　　住区的停车采用了地下与地面相结合的方式。沿内部的车行路设置了大量的路侧停车位，并设有尽端式的停车场；地下车库设在步行街区的下面，车库出入口则沿半

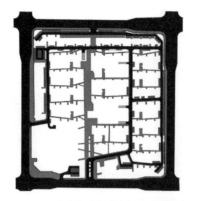

图 5.3.7　北京青年城街道广场及交通组织平
面示意图

图 5.3.8　北京青年城旱喷泉广场

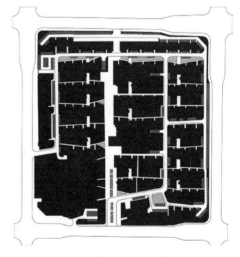

图 5.3.9　北京青年城宅前路

图 5.3.10　北京青年城地块划分平面示意图

环路设置。

　　与前两个案例一样，住区空间的整合核心只涉及住区内部空间。如图 5.3.11 所示，最为整合的空间是北侧高层板楼南侧的车行路，这一空间与住宅单元入口和底商有较好的联系。其他整合核心空间还包括半环路的大部分，周边车行路的东段，中部的步行景观通廊和步行街区内高层住宅的宅前路。整合度低的空间则涉及室外的休息空间，几栋多层住宅的通路，以及东西两侧的外部城市道路（图5.3.12）。北京青年城的空间结构使得住区内部主要的街道空间和设施具有较好的可达性，便于人车流的进入与抵达。但同时对于外部的城市空间和公共设施（商业、小学）的使用产生一定不利影响，而且会使进出住区的人车流过于集中于南北两侧的入口，出现拥堵的可能。

图 5.3.11　北京青年城宅前路

图 5.3.12　北京青年城空间整合度图示
（注：图中数字为空间整合度数值的排序）

5.4　寻找新家园：当代城市家园（G4）

当代城市家园与上地佳园是同期（2000年）规划设计的项目，并同处清河边缘居住组团，距上地佳园的北侧不远（图5.4.1）。16.8hm² 长方形用地（约600米乘280米）有约30度角的偏转。用地西侧毗邻轻轨13号线，北侧是2011年开盘的上地moma，南侧和东侧也是2000年后开发的楼盘。用地周边道路现状，除了东侧是城市次干道级别，其他为城市支路级别。

该项目的规划设计（图5.4.2）主要由一家当地设计公司承担，景观设计则是由一

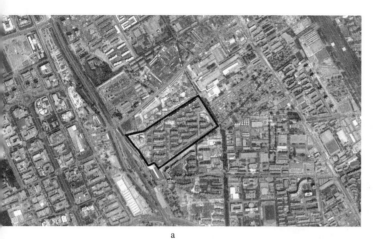
a

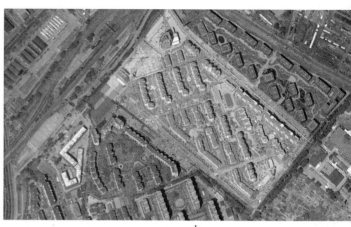
b

图 5.4.1 当代城市家园用地现状（卫星照片）

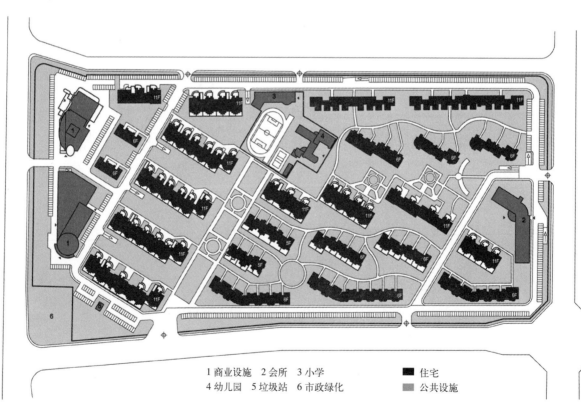

1 商业设施　2 会所　3 小学
4 幼儿园　5 垃圾站　6 市政绿化

■ 住宅
■ 公共设施

图 5.4.2 当代城市家园规划设计总平面

图 5.4.3　当代城市家园边界围栏　　　　　　　　　图 5.4.4　当代城市家园主入口门房

家美国景观设计公司来最终完成的。项目的市场定位是中产阶层专业人士，包括大学教师和 IT 公司职员，总共可提供 1834 套住宅，约容纳 5870 人。据媒体报道，目前的大多数居民是从其他城市来到北京工作的"城市移民"，因此，他们首先需要的是一个具有归属感的新家园。

　　整个住区的边界是由不高的铁艺围栏界定的，对视线的阻拦不是很明显（图 5.4.3）。建筑的外观采用了具有欧洲新古典主义风格的设计手法，如拱顶，柱式等。最明显的莫过于南侧主入口处具有西方古典柱头意象的门房（图 5.4.4）。虽然欧式古典的宏伟建筑姿态在一定程度上与营造居住温馨之家的感觉有些不相协调，但也许会给居民带来一种尊贵的感受和社会的认同感。

　　住区内的住宅楼采用了 5 至 6 层多层单元式板楼和 11 层的高层单元式板楼的混合布置。除了沿两个长边的住宅，其他住宅楼都以正南正北的方向设置，因此在基地内形成方向的偏转。沿北侧的高层住宅的单元入口是面向城市街道方向设置的。另外，大多数的 11 层高层公寓楼有专门设计的入口大堂（图 5.4.5）。

　　在街道交通组织上（图 5.4.6），也采取了与上述案例相似的人车分离的手法。沿小区周边设置了一圈车行环路，再通过两条斜向车行路的划分形成一个中部的宽阔

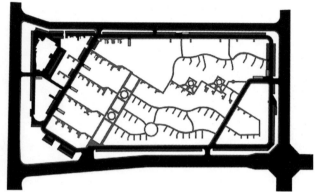

图 5.4.5　当代城市家园高层
　　　　　公寓单元入口大堂

图 5.4.6　当代城市家园街道广场与交通组织平面示意图

步行街区和两个角部的三角形小街区（图 5.4.7）。地面车位和地下车库的出入口沿这些车行路分散设置。在西侧的三角形街区内，建有两座商业办公楼，在东侧的三角形街区内则建有一座靠近东侧住区入口的会所。在中心街区内，连接多层住宅的步行路均呈不规则的蜿蜒状，以塑造自然的感受。与之形成对比的是两条从住区入口起始的景观轴线，交汇于北侧的一所小学和一座尚没有建设的幼儿园。从南侧主入口起始的轴线，被设计成一条宽敞的林荫大道（图 5.4.8），从东侧入口起始的轴线则被设计成一系列的设有喷泉和休息亭子的小花园（图 5.4.9），两种不同的景观效果被嫁接在一起。

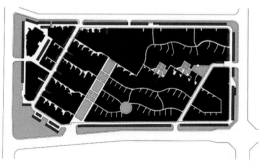
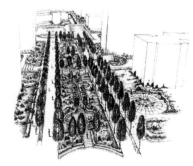

图 5.4.7　当代城市家园地块划分平面示意图

图 5.4.8　当代城市家园景观林荫大道设计

图 5.4.9　当代城市家园花园景
观设计意向图

　　由图 5.4.10 可以看到，住区空间的整合核心偏重于南侧，而且将南侧的城市支
路纳入，因此会有更高的使用率，但这条支路没有连接任何的城市设施，只会成为
一条人车流进出的交通要道。最为整合的空间是与之并行的内部沿周边设置的车行
道（图 5.4.11），由于其具有较好的可达性，沿路的底层住宅被改造成各式的小商铺，
以满足居民的日常需求。同时被纳入整合核心的空间还有连接地下车库入口和会所
的两条斜线车行路、东侧周边车行路和林荫大道，在形成对内部步行区渗透的同时，
也构成了两条穿越住区连接两侧城市道路的车行通路。低整合度空间主要分布在中
心步行街区内的蜿蜒小路和景观花园，从而形成相对幽静、隐秘的室外环境，同时
还可与西侧的商业办公设施在空间上形成隔离。但低整合度空间未涉及任何周边城
市道路和小学入口空间。相比于前三个案例，当代城市家园的空间结构对于周边城
市空间的使用会有较好的支持，对于居民日常的出行和生活也能够提供较为便利的
空间使用效果。

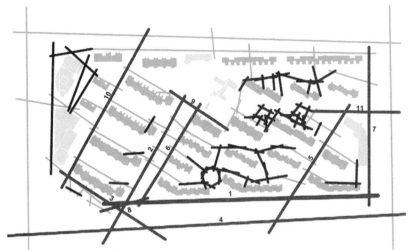

图 5.4.10　当代城市家园空间整合度图示

（注：图中数字为空间整合度数值的排序）

图 5.4.11　当代城市家园最为整合的街道空间

5.5　城市公馆：万泉新新家园（G5）

万泉新新家园地处北京中心城区西北边缘的万柳居住区，紧邻城市绿化带，并且位于四环内，区位十分优越（图 5.5.1）。17.47hm² 用地的北侧是万柳高尔夫俱乐

a   b

图 5.5.1　万泉新新家园位置（卫星照片）

1 商业设施
2 会所
3 公寓
4 幼儿园
5 老年俱乐部
6 物业办公
7 底商
8 垃圾站
9 热力站
10 社区广场
11 社区公园
12 市政绿化

■ 住宅
■ 公共设施

图 5.5.2　万泉新新家园规划设计总平面

部，北向不远是颐和园，向东则是中关村。项目是由一家与美国合资的地产公司开发建设的，其定位是为在北京 "硅谷" 工作的经理或主管人员提供高品质的居所，在售楼书中被称作为 "城市公馆"。项目最初的规划设计（图 5.5.2）时间是 1998 年，由本地的设计公司与一家美国公司合作完成，建成后可提供 1372 套住房，约容纳 4390 人。

图 5.5.3 　万泉新新家园边界围栏　　　　图 5.5.4 　万泉新新家园边界商业街

　　用地边界大部分是用铁艺围栏来界定的，并配以灌木以形成视觉上的阻挡（图 5.5.3）。在用地的东南角，由美国设计公司结合出租公寓楼在底层设计了一条被称作为"欧洲时尚"的商业街。具有欧洲古典风格的拱廊设计在这里被进行了移植（图 5.5.4）。

　　整个住区沿纵横中轴线一共设置了四个设有门卫的出入口。北侧为具有礼仪性的主入口（图 5.5.5），一条林荫大道从北侧城市干道起始，穿越南北方向长约 120m 的城市绿地，一直抵达处于住区中部的一个被内部车行环路界定的 3 至 $4hm^2$ 的内部步行街区（图 5.5.6、图 5.5.7）。这一内部街区的东半部由一个小公园和一座幼儿园构成。在街区的几何中心位置，设计建造了一座欧洲古典风格的石制风雨桥（图 5.5.8），成为整个住区具有象征意义的焦点。中心街区的西半部分，则是五排四层高的法式古典风格的豪华公寓（图 5.5.9）。每栋公寓都设有电梯和独立的地下车库，地下车库出入口集中沿着环路的西段设置，临时地面停车位则沿南段环路设置。这些豪华公寓可以通过西侧的住区次出入口直接抵达（图 5.5.10）。

图 5.5.5　万泉新新家园主入口

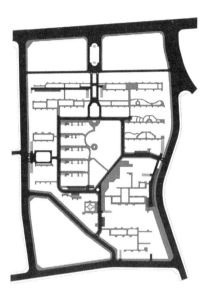

图 5.5.6　万泉新新家园街道广场及交通组
织平面示意图

图 5.5.7　万泉新新家园地块划分平面示意图

图 5.5.8　万泉新新家园石制风雨桥

图 5.5.9　万泉新新家园豪华公寓

图 5.5.10　万泉新新家园西侧次入口

　　另一个与中心街区关联的明显特征是一段成45度角的斜向路，它连接着幼儿园的入口和一个社区广场和一个会所，同时它联系着东侧和南侧的住区出入通道。沿东侧通道设有底商，沿南侧通道可连接物业中心和一个老年人俱乐部。现在，社区会所已被改造为一座对外开放的商务综合体，被称作为"商务花园"。

　　在围绕内部中心街区的四个周边步行街区中，住宅楼沿南北朝向成排布置，在外观上采用了相对现代，具有田园感的风格（图5.5.11）。在北侧的两个街区，基本上是由4～6层的带电梯的多层单元式板楼构成，在南侧的两个街区则穿插有一些9至11层的中高层和高层公寓楼。这些住宅大部分与围绕花园的步行小路连接，车辆主要通过设置在靠近住区出入口的地下车库出入口进入地下停放，同时也集中分街区提供了一些地面临时停车位。值得一提是，沿住区南侧边界，有直接从城市道路接入内部地下车库的出入口（图5.5.12），从而使车辆出行更加便利。

图 5.5.11　万泉新新家园普通公寓　　　　图 5.5.12　万泉新新家园沿街地库出入口

住区空间的整合核心（见图 5.5.13）只涉及内部的街道，包括内部的环路和连接南北东三侧住区出入口的通路，同时还形成对内部街区的一些渗透。整合度最高的空间是内部环路的西段，也就是连接豪华公寓地下车库出入口的道路，因此豪华公寓在空间可达性上也处于最有利的地位。整合度相对低的空间主要分布在周边街区内的花园小径，同时与"欧洲时尚"商业街连接的城市道路在空间上也相对隔离。此外，住区西侧出入通道在空间上较为隐秘，在一定程度上成为豪华公寓的独享出入口。总体而言，住区的空间结构倾向于在内部汇聚人流，满足内部设施的使用便利，但保持一定的与外部城市空间的距离感，这可以看作是对"城市公馆"所具有的尊贵身份的一种体现。

5.6 品味现代欧洲生活方式：金地格林小镇（G6）

金地格林小镇位于北京东南绿化隔离带外的亦庄经济技术开发区，也就是规划建设中的亦庄新城，现在已有几十家国际企业落户于此。23.7hm² 的用地呈五边形（图 5.6.1），周围是从别墅到普通商品住宅的不同类型住区开发项目，同时在东侧有一处城市公园，在西侧有一处教育设施区，一座规模较大的商业中心位于东南。周边道路为城市支路级别的道路，尺度上较为宜人（图 5.6.2）。在广告中，开发商试图向

图 5.5.13 万泉新新家园空间整合度图示
（注：图中数字表示空间整合度数值的排序）

a

b

图 5.6.1 金地格林小镇卫星照片

113

图 5.6.2 金地格林小镇周边城市道路

购房者传达一种现代欧洲生活方式，更具体说是北欧小镇的生活方式。项目的规划设计起始于 2000 年（图 5.6.3），通过竞赛最终是由本地的设计师与一家澳大利亚景观设计公司和一荷兰建筑设计事务所共同完成。项目规划建设 1860 套住房，容纳约 5952 人。

由于在用地上未建有面向城市的商业设施，整个住区的边界是由围栏来界定，在围栏的设计上采用了不很高的白色立柱的形式（图 5.6.4），使人联想起乡村别墅的白色栅栏。在用地各边的中间位置各设一个出入口，主入口设在西侧的短边上。在主入口内设计了一个比较大的入口广场，被一些

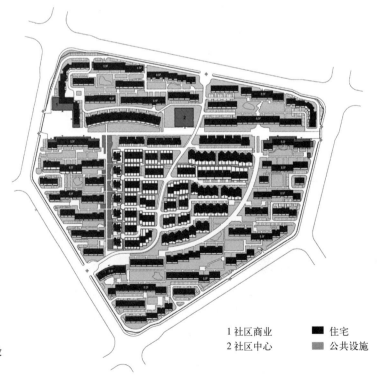

1 社区商业　　■ 住宅
2 社区中心　　■ 公共设施

图 5.6.3 金地格林小镇规划设
计总平面

图 5.6.4　金地格林小镇边界围栏

图 5.6.5　金地格林小镇西南侧次入口小广场底商

住宅底商环绕。同时,在西南侧和东侧的住区入口内也结合入口小广场设置了底商(图 5.6.5)。

　　住区内住宅楼栋呈地毯式的均匀分布,并沿南北方向自由错动。在中部为相对低矮的别墅区,从西向东依次有 3 层高的双拼别墅、3 层高的联排别墅(图 5.6.6)和 4 层高的叠拼别墅(图 5.6.7)。其余的区域由 4 层带电梯的单元式多层住宅与 8 层的单元式中高层住宅穿插组合构成,在住宅楼之间形成大小不一的院落空间。

　　集合住宅住户的车辆进出是通过环绕住区周边的车行环路和与其连接的 U 型回路或尽端路(图 5.6.8)。停车可以沿这些道路地面停放也可以通过周边环路上的地下车库出入口进入地下停放。对于别墅区的住户,车辆是通过中部贯穿的蛇形路(图 5.6.9)和连接的尽端路与住宅直接联系的。蛇形路将住区划分为两个大的步行区域(图 5.6.10)。在步行区内,三个贯穿的线性景观通道将住区进一步划分,形成对别墅区范围的界定。

图 5.6.6　金地格林小镇双拼与联排别墅

图 5.6.7　金地格林小镇叠拼别墅

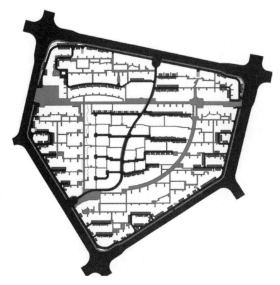

图 5.6.8　金地格林小镇街道广场及交通组织平面示意图

图 5.6.9　金地格林小镇蛇形路

图 5.6.10　金地格林小镇地块划分平面示意图

　　横向的线性景观通道形成了西侧主入口与东侧次入口的步行贯穿连接，沿线设有开放绿地、各式广场、咖啡店，以此试图营造欧洲小镇休闲步行街的氛围。在与蛇形

图 5.6.11　金地格林小镇线性景观通道
　　　　　 配合水景设计

图 5.6.12　金地格林小镇空间整合度图示
（注：图中数字为空间整合度数值的排序）

路交叉的位置建有一座结合托幼设施的社区中心（参见图 5.6.9）。纵向展开的线性景观通道配合水景设计来获得亲近自然的感受（图 5.6.11），同时也为毗邻的双拼别墅提供最佳的景观环境。第三个线性景观通道是呈弧形的林荫道，可为居民提供一个健身休闲的去处。三个线性景观通道如同社区内部生活的主动脉，其余的错综复杂的步行小路就如同微血管，共同编制成一个网络。

　　住区空间整合核心（图 5.6.12）的分布是以整合度最高的东西方向的线性景观通道为中心展开的，另外两个线性景观通道和蛇形路也被纳入整合核心。周边的车行路只是在与东西两侧的住区入口连接的一段属于整合核心，因此可以说别墅区的住户在车辆的可达性上要略胜于集合住宅的住户，而且步行核心空间的可达性要略优于车行核心空间。对于周围的城市道路，只有与住区主入口连接的一段属于整合核心，而且是整合核心中整合度最低的一个空间。其他城市道路则未成为低整合度空间。低整合度空间则主要分布在集合住宅间的院落中。与东南侧城市道路连接的住区入口空间是低整合度空间，这对于住区居民使用毗邻的商业中心会造成了一定的不便。总体而言，住区的空间结构对于住区内部的日常生活交流能够起到较好的支持作用，规划设计倾向于塑造一种内聚的小镇生活。

5.7 "国际社区": 大西洋新城（G7）

大西洋新城位于北京东北方向的望京地区的核心位置（图 5.7.1），隶属于酒仙桥地区。望京是最为靠近市中心的一个边缘居住组团。项目由一家合资房地产公司开发，规划设计（图 5.7.2）则是由一家台湾建筑公司于 2000 年着手进行，规划建造 3514 套住房，约可容纳 11244 人居住。由于一些居民是在北京工作和生活的外籍人士，在广告中大西洋新城被界定为一个"国际社区"。

27.64hm² 的用地呈五边形，北侧是城市支路，西侧和西南侧为城市次干道，东侧和东南侧为城市主干道。沿东侧城市主干道，规划设计了规模较大的地区级城市综合体（图 5.7.3），有购物中心、办公、餐饮娱乐等设施。其余的用地边界基本是铁艺围栏配以灌木遮挡的形式（图 5.7.4）。

在住区内部设有一个不规则形状的车行内环路和四个与住区出入口连接的通路将

a

b

图 5.7.1 大西洋新城区位图（卫星照片）

1 商业设施
2 会所
3 小学
4 中学
5 托儿所
6 幼儿园

■ 住宅
▨ 公共设施

图 5.7.2　大西洋新城总平面图

图 5.7.3　大西洋新城规划设计鸟瞰图

图 5.7.4　大西洋新城边界围栏

住区明确划分为五个步行的内部街区（图 5.7.5、图 5.7.6），各街区的地下停车出入口和临时停车位沿这些道路布置。在中央的超级步行街区内部，围绕一个人工湖建有一座会所，一栋 16 层板式高层住宅，三栋在底层以裙房连接的 22 ～ 26 层高的酒店式公寓塔楼，还有由 6 ～ 9 层豪华公寓式住宅构成的两个松散的内向街坊式高档住宅组团。这两个住宅组团是作为大西洋新城的二期出售的，被称为"湖畔雅居"。这些住宅通过内环路和与之连接的树枝状小路进入，在背向则通过弯曲的小径与人工湖连接。在视觉景观的处理上，人工湖的中央设置了一座观景的木桥（图 5.7.7），一个纵深的广场与东南侧的住区出入口形成视觉轴线的联系，并与会所形成对景，同时在东西两侧的住区出入口之间也具有一定的视觉穿越联系。

　　在东侧的两个街区和西侧街区内部的住宅是作为第一期开发的。有很大一部分是由 5 ～ 9 层坡顶形式的单元式板楼构成的内向街坊式院落，院落入口也设置了第二

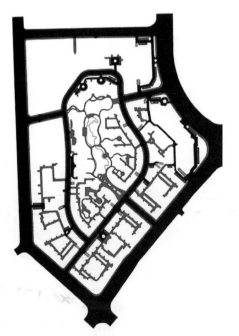

图 5.7.5　大西洋新城街道广场及交通组织平　　图 5.7.6　大西洋新城地块划分平面示意图
　　　　　面图示

图 5.7.7　大西洋新城中央观景木桥

图 5.7.8　大西洋新城院落入口

层级的道闸和门卫（图 5.7.8）。除此之外，在东侧有三栋 19 ~ 25 层的 L 形高层公寓，在西侧有两栋 27 层公寓板楼和两栋 28 层塔楼。在北侧的街区内，与内环路连接，建有一个由两座 27 层塔楼和一个 13 层板楼连接构成的酒店式公寓，另外与北侧规划城市道路连接处建有一座 24 层的公寓塔楼。

　　在住区公共设施的设置上，按照规范的指标要求，除了会所，在西侧的街区内沿内环路侧及北侧街区内沿城市道路各规划了一所幼儿园，在西侧住区入口通道两侧规划设计了一所小学和一所中学。但现实是，规划的幼儿园用地还在空置，而规划的中小学最终被第三期的住宅开发所取代。

　　如图 5.7.9 所示，住区空间的整合核心呈鱼骨状分布，形成了东侧与南侧住区出入口之间的连通。同时，东南与西

图 5.7.9　大西洋新城空间整合度分析

（注：图中数字为空间整合度数值的排序）

南两侧的城市道路均被纳入整合核心，但这两侧道路未连接有任何公建设施，只是作为交通性的道路。整合度最高的空间是西南侧住区入口通道与内环路贯穿的一段内部车行路，其是内部交通的核心。现今沿这段路利用住宅底层已开设了几家便利店，以满足居民的日常生活所需。低整合度的空间主要分布在住区内部的院落与自然景观中的小径。总体而言，大西洋新城的空间结构与城市空间有较好的开放衔接，对于住区交通的组织能够提供较有效的支持，但对于住区级公建设施的空间布局设置考虑欠佳。

5.8 "生活乐园"：顺驰·领海（G8）

顺驰·领海是由顺驰集团在北京投资开发的第二个品牌项目。项目位于大兴黄村卫星城北区的西北端，北靠五环，东临京开高速。29.91hm² 的用地呈梯形（图 5.8.1），南侧长边的道路将近 700m，东侧短边也有约 400m，用地北侧与五环路之间是绿化隔离带。项目的规划设计起始于 2002 年（图 5.8.2），是由当地的设计公司与一家加拿大建筑设计事务所和一家美国景观设计公司合作完成的。项目建成后，约可为 9452 人提供 2954 套住宅。在广告中，顺驰·领海被描述作为一个生活的乐园，欲为居民提供一种地中海式的休闲生活方式。

a

b

图 5.8.1 顺驰·领海基地航拍照片

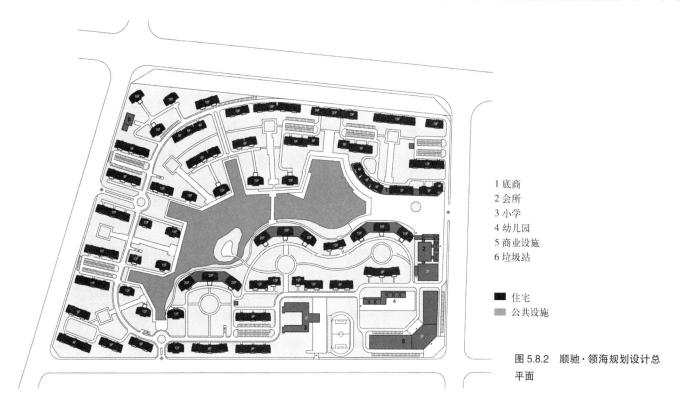

1 底商
2 会所
3 小学
4 幼儿园
5 商业设施
6 垃圾站

■ 住宅
■ 公共设施

图 5.8.2　顺驰·领海规划设计总平面

　　整个住区的用地边界基本上是铁艺围栏，每边设有一个出入口。虽然用地规模较大，但整个住区空间由两个显著的元素统领，同时也是项目的两大卖点。第一个是与东侧住区主出入口连接的 15000 平方米的"爱琴海风情广场"（图 5.8.3）。在广场的中央，设有一个欧式古典的喷泉，沿广场两侧植有棕榈树。更引人注目的是，广场北侧由一溜地中海风格的 4 ～ 6 层住宅楼和呈拱廊形式的底层商铺构成，被称为"蒙特卡罗格调商业走廊"（图 5.8.4）。在走廊的转折处，建有一座标志性的钟塔。与具有异国情调的地中海风格相对照，广场的南侧则是由 15 层高的底层连接的现代风格高层公寓构成。这些高层提供时髦的阁楼式住宅，并且每层只设两户，通过两部电梯连接。

　　小区的另一个显著的元素是，一个 38000m² 的人工湖直接与入口广场相连，被称为"爱琴海"，沿袭了顺驰在天津开发的半岛 - 蓝湾、蓝水假期等项目的做法。人工湖由主入口广场向基地内部延展辐射，形成多个码头式的水湾，并与西侧和南侧的住区出入口形成联系。环绕人工湖，滨水的步行道和甲板为居民提供了一个良好的户外休闲场所（图 5.8.5）。在人工湖的中部，还设有一座小岛和一座木制拱桥，为观景提供

图 5.8.3 顺驰·领海主入口大广场　　　　　　图 5.8.4 顺驰·领海入口底商

图 5.8.5 顺驰·领海环湖休闲空
间设计

了条件。

　　住区内的住宅楼基本上是围绕着人工湖分散布置，主要是 8 ~ 9 层的中高层和 11 ~ 20 层的高层板楼和塔楼（图 5.8.6）。住区的公建设施相对集中设置在基地的东南角，包括一个转角独立商业楼，一所面向南侧城市道路开放的小学，一座内部设置的国际双语幼儿园和一个靠近住区主出入口的会所。其中设有游泳馆、健身俱乐部、书店等设施。

　　与前述案例不同，在交通的组织上顺驰领海没有将住宅单元入口与车行路分离。因此，通过内部的周边式环路和由其延展出的

图 5.8.6　顺驰·领海总体鸟瞰图

尽端路和回路住户可以从地面抵达所有住宅单元的入口（图 5.8.7）。在停车的组织上，采用了地面集中停车场与地下车库相结合的方式，主要沿内部环路设置。与此同时，连接各开放空间形成了休闲的步行网络。除了人工湖和主入口广场，住区内还分散设置了 8 个主题花园，其中五个通过放射状的线性广场与人工湖取得联系（图 5.8.8）。

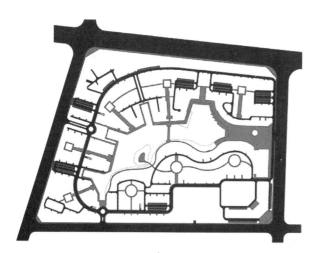

图 5.8.7　顺驰·领海街道广场与交通组织平面示意图

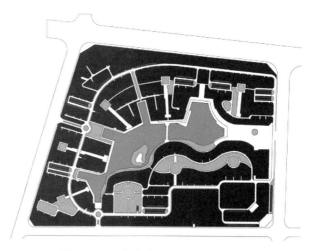

图 5.8.8　顺驰·领海地块划分平面示意图

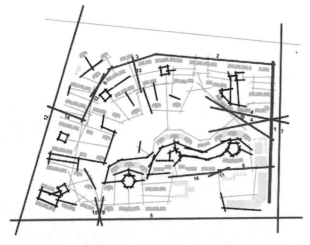

图 5.8.9　顺驰·领海空间整合度图示

（注：图中数字为空间整合度数值的排序）

由于中部大型人工湖的阻隔，住区的整合核心（图 5.8.9）呈沿周边分布的态势，东、西、南三侧的城市道路都被纳入整合核心，同时沿内部环路形成了东侧主入口与西侧次入口的连接。最为整合的空间是沿东侧边界的内部周边路，其与主广场和会所连接。整合度低的空间主要分布在连接开放空间的小径中，还包括个别的地面停车空间。总体而言，顺驰·领海小区的空间结构能够比较好的组织内部的交通，形成有活力的内部街道，并与城市交通形成有效的衔接。同时，对于公建设施的使用能够提供较好的空间指引，但是在物理距离上对于步行者来说存在着一定的困难。

5.9　销售德国文化和设计：鑫兆佳园（G9）

鑫兆佳园（二期称为"柏林爱乐"）是北京城乡房屋建设开发有限责任公司投资兴建的大型住宅项目，位于朝阳区的定福庄边缘居住组团，北侧紧邻规划建设中的地铁 6 号线管庄站。项目用地 32.44hm²（图 5.9.1），总建筑规模 60 万 m²，可为约 17100 人

a　　　　　　　　　　　　　　　　　　　　　b

图 5.9.1　鑫兆佳园航拍照片

提供 5700 套住宅。2000 年北京城乡房屋建设开发有限责任公司特别邀请了德国 gmp 公司进行合作设计。项目的市场定位是青年白领，这反映在住宅套型的类型上，其中大部分是两室户，最小的一室户只有 48 m²。同时，开发商借用德国文化和设计来进行推销，连德国建筑师也成为卖点呈现在推广手册和广告牌中（图 5.9.2）。

图 5.9.2　鑫兆佳园边界围栏及楼盘广告

　　住区规划设计在整体上体现了德式的简约和秩序（图 5.9.3）。住宅建筑一共被分为五组，在中部是一字排开的九栋 21～24 层的高层塔楼（图 5.9.4），在南北两侧各有两个组织形态相似的由 8～10 层和 11～15 层板楼构成的院落街坊式，其显著的特点是呈 L 形围合的住宅板楼。为了加强住区外部空间的秩序感，在住宅组团之间设置了纵横两条十字轴线。沿横轴线是一条贯穿东西的车行路，将住区划分为南北两个内部大街区（图 5.9.5）。沿纵轴线由北侧的步行主入口开始向南依次是带有水幕的入口广场、一段景观绿地、一座会所、一个社区中心广场和一座双语幼儿园，最南端为一所对外的九年一贯制中小学。住区的商业设施主要是沿周边的住宅底层来设置（图 5.9.6），因此相应的扩大了步行道的区域以形成步行街的感觉。同时，在西南和东南角设置了商业裙房，沿中部东西向贯穿道路的北侧住宅底层设置了一些供住区使用的店铺。此外，沿西侧城市道路，还设有一座医院。

　　在内部街道交通的组织上（图 5.9.7）与住宅组团相对应，形成了五组相互连接的车行环路，大部分与住宅单元的入口连接，同时沿环路还连接有地面停车位和地下车库的出入口。在环路内部则是步行区域，但步行路并没有因此而分割开，而是通过纵横的步行小径连接起来（图 5.9.8）形成与车行路交错的网络。通过步行网络可以抵达所有的主要配套设施和开放空间。

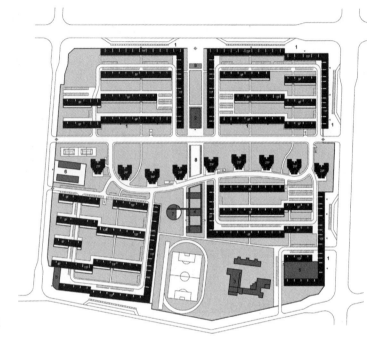

1 底商
2 会所
3 小学
4 幼儿园
5 商业设施
6 医院
7 物业办公室
8 中心广场
9 水幕

■ 住宅
■ 公共设施

图 5.9.3 鑫兆佳园规划设计总
平面图

图 5.9.4 鑫兆佳园中部高层塔楼

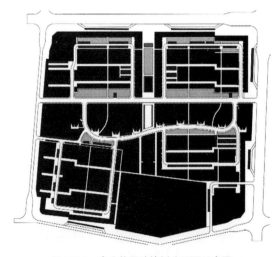

图 5.9.5 鑫兆佳园地块划分平面示意图

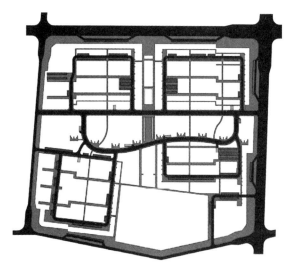

图 5.9.6　鑫兆佳园住宅底商　　　　　　图 5.9.7　鑫兆佳园街道广场和交通组织平面示意图　　　　　图 5.9.8　鑫兆佳园街道广场和交通组织

住区空间的整合核心（图 5.9.9）涉及纵横轴线，连接中部高层塔楼的曲线路，两条贯穿组团的步行小径，还有西侧的城市道路，但道路系统在分布上不是很均匀，未能形成南北方向的连通。区内最为整合的空间是中部贯穿东西的车行路，乃是住区内部交通的命脉。整合度相对低的空间大量分布于靠西侧的两个街坊内，同时涉及南侧城市道路，因此西侧的两个街坊在使用上相对隔离，对南侧学校和周边商业设施的使用会造成一定的不便。总体而言，住区的空间结构对居民日常生活设施的使用能够起到较好的支持作用，在内部也会形成一些较有活力的街道空间，但会形成一定的交通拥堵和不便。

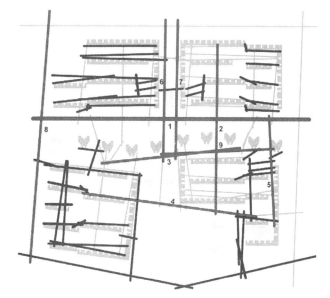

图 5.9.9　鑫兆佳园空间整合度图示
（注：图中数字为空间整合的数值排序）

5.10 小结

本章所剖析的九个案例是伴随着中国城市商品住宅市场化而兴建的城市新住区的一个生动样本。虽然这些住区的建筑风格各异，市场推销卖点不同，但在城市形态上有着很多相似之处。由于住宅的商品化，这些住区的开发不再是针对不同的单位，而是针对不同的社会人群的需求。因此，这些住区的规划设计不仅仅是为人们在新的城市区域提供新的居住场所，同时也是在进行所谓的"社区营造"。当然这种社区是基于地理范围界定的门禁社区，这体现在界定用地边界的不同形式的围栏和有门卫管理的住区出入口或大门。

由于普遍采用了封闭式的管理，住区内部的街道不再是真正意义上的城市街道，整个住区可以说成为了一个封闭的超级街区，周围城市街道的界面由围栏、面向城市使用的公共设施（包括小学或幼儿园）和商业设施构成。同时，基于 Radburn 超级街区的人车分流原理，通过内部车行环路的设置，在住区内部进一步形成步行的中心街区，这可以是一个类 Radburn 超级街区，也可以形成多个类 Radburn 超级街区。当然，这些类 Radburn 超级街区，在中国的建设实践中已呈现出中国特色，高密度居住形式和地下停车方式的采用都有不同程度的变异。在建筑的组织上，为了获得城市生活的感受，内部可以是街坊式的类城市街区。同时，由于专业化景观设计的介入，很多内部中心区的超级街区也可以是"花园式街区"的形式，住宅楼如同置身于花园中的别墅。正如这些住区案例的名字所示，在超级街区的形成过程中，开发商与设计师们采用了造院、造园甚至造城的方式，从而忽视了住区作为城市空间的意义，这些反映在空间结构上则是对城市功能的疏远与阻隔。

第六章

演变与沿承：住区建成形式比较分析

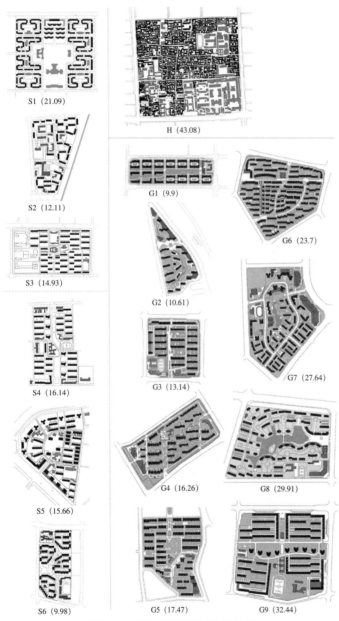

S1 (21.09)

H (43.08)

G1 (9.9)

S2 (12.11)

G6 (23.7)

S3 (14.93)

G2 (10.61)

G7 (27.64)

G3 (13.14)

S4 (16.14)

G4 (16.26)

G8 (29.91)

S5 (15.66)

S6 (9.98)

G5 (17.47)

G9 (32.44)

图6.0.1 所有研究案例的总平面并置

各案例的代号在图下方，括号中为占地面积，单位hm²。

在第四和第五章中已分别对传统住区、计划经济时期的小区和市场经济下的门禁社区的个案进行了逐一的形态解析。在本章，以上不同时期的案例将被并置在一起（图6.0.1）或置于同一条历史发展脉络上，针对其建成形式进行纵向的定量和定性比较分析。目的是揭示现代住区规划设计伴随着城市转型，在建成形态上的演变与沿承及其规律。

6.1 基本定量指标的变化

基于对20世纪80年代前计划经济时期住宅小区规划设计与建设的理论与实践探索，1993年相关部门制定了中国城市居住区规划设计规范并颁布实施。按照规范要求，按规模城市住区分为三级：居住区的人口规模是30000到50000人，这与霍华德设想的一个田园城市的人口相近；小区的人口规模是在7000到15000人之间，即与一所小学的规模相匹配，这与佩里的一个邻里单元的人口相似，而组团的规模则与一个居委会相对应，在1000到3000人之间，这与现今英国规划设定的地方城市社区（local urban community）的人口规模又很相近。[1] 据此，如图6.1.1所示，前所列举的小区案例有三分之二的达到了小区规模的要求，而在门禁社区案例中三分之二的

[1] Rogers, R. Towards an urban renaissance: final report of the Urban Task Force. London, E&FN Spon, 1999.

案例的人口数则低于这一要求。 如果按照 2002 版居住区规划设计规范要求（小区
10000-15000 人），则只有大西洋新城（G7）一个门禁社区案例能达到要求（其用地
为 27.64hm²）。 同时值得注意的是，用地规模最大的鑫兆家园（G9）的人口规模超出
了 15000 人的上限，而用地规模 9.9hm² 的西山庭院的人口规模只达到组团的级别。总
之，基于单一地块的门禁社区开发趋向于容纳少于规范按照配备一所小学所需的人口
规模，因此，小学并不一定是门禁社区开发的标准配置与限定。

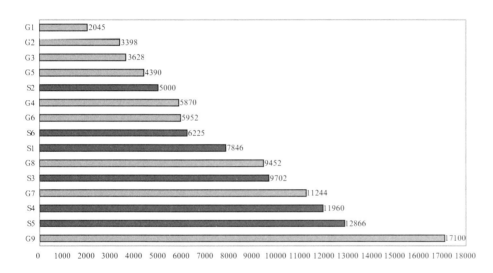

图 6.1.1　人口规模案例排序比较

　　在用地规模没有缩减的情况下，门禁社区人口规模的缩小与人口密度紧密相关。
由图 6.1.2 的案例数值排序可以看到，如果以传统住区案例现今的估算数值 404（H 案
例）为基准 [1]，除了受苏联模式影响的百万庄小区之外，大部分的小区案例均达到较高
的人口密度。而与之相比，大部分的门禁社区案例则具有较低的人口密度，而且实行
比改革开放政策之初的小区案例的人口密度还要低。通过进一步比较不同时期案例的
平均值发现（图 6.1.3），实行改革开放政策前后的小区案例的人口密度总的呈增加趋势，
即从 498 人 /hm² 到 733 人 /hm²。而门禁社区案例的人口密度则总的呈明显下降趋势，

---

[1]　这与英国伦敦城市中心街区的人口密度 400 人 /hm² 接近。

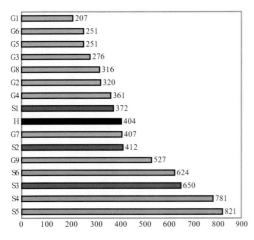

图 6.1.2　人口密度案例排序

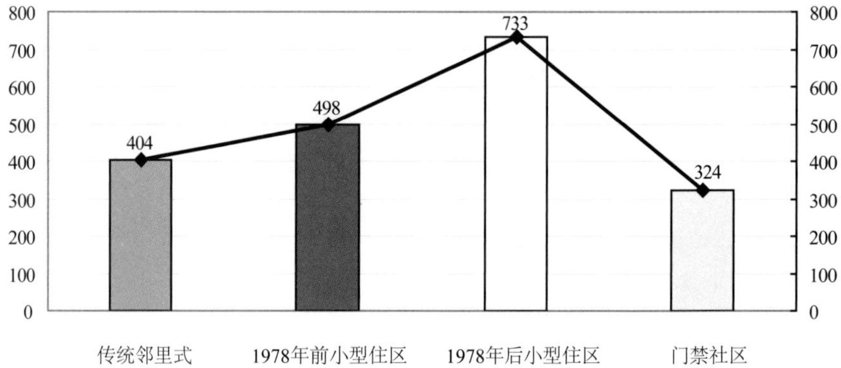

图 6.1.3　人口密度变化趋势

最低达至 324 人 /hm² [1]。因此可以说，市场经济下的门禁社区开发与计划经济时期的小区开发相比总体趋向于人口密度降低。分析其原因，一方面与社会经济快速发展，居住空间消费水平不断提升而家庭人口规模却呈降低趋势相关，另一方面，与通过较低密度开发来营造更良好的居住生活环境的概念和需求的市场目标相一致。

除了人口密度，另一种反映密度值的"毛容积率"（Gross Floor Area Ratio）指标也是一项重要的经济技术指标。即住区用地内所有地面以上建筑楼层面积与用地面积的比值。如图 6.1.4 所示，传统住区的毛容积率最低为 0.51，改革开放前的小区案例比改革开放后的小区案例和门禁社区案例的容积率都要低，且都小于 1.0。而容积率最高的前四个案例皆为门禁社区案例，大西洋新城（G7）容积率最高为 2.26，主要是由于其大量的东西向高层住宅形成的围合院落形态所达成，还有就是大规模商业设施的提供。通过对不同时期案例均值的比较可以发现（图 6.1.5），从改革开放前的小区案例（0.71）到门禁社区案例（1.57）毛容积率这一指标呈不断提高的趋势。尽管从改革开放后小区案例（1.443）到门禁社区案例（1.57）的增加趋势不是很明显，但值得注意是，这一趋势是反向于人口密度的明显下降趋势。造成这一反趋势的直接因

---

[1]　这与佩里所设想的以公寓式住宅为主的邻里单元的人口密度 326 人 /hm² 接近。

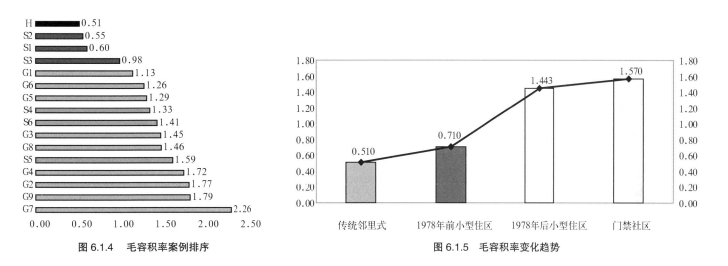

图 6.1.4　毛容积率案例排序　　　　　　　　图 6.1.5　毛容积率变化趋势

素是：1）户均使用面积的增加；2）住区公建的楼层面积的增加，特别是商业设施；
3）开发商利润最大化的经济动力的驱动。

6.2　建成形式的沿承

　　实际参证研究证明，门禁社区规划设计的一些建成形式特征可以从小区规划设计
的历史中找到渊源。首先，20 世纪 50 年代受苏联模式影响的小区规划设计所遗存下
来的特征保留有邻里单元模式的印记。具体特征包括：

- 住区边界由城市交通干道限定；
- 建筑退后边界线；
- 住区内提供一系列配套设施（如会所、商铺、幼儿园、小学等）；
- 内部道路按等级组织和采用非十字交叉口；
- 提供有小公园和休憩绿地系统。

　　其次，从受"人民公社"模式影响的小区规划设计沿承下来的特征具有一些德国
包豪斯学派在 20 世纪 30 年代左右衍生出的现代主义功能实用理念的烙印。

这些特征包括：

- ■ 边界标识和住区主次入口的区分；

- ■ 住宅入口与周边道路和住区入口通路没有直接连通；

- ■ 住宅按行列式布置，楼栋间留有足够的日照间距；

- ■ 小学布置在住区周边，而不是像邻里单元模式所设想的在住区的中心位置。

最后，从实行改革开放后政策市场经济条件下，小区规划设计所沿承下来的特征包括：

- ■ 商业设施沿住区周边缘设置并形成步行街，便利店靠近住区入口布置；

- ■ 高层住宅布置在如公园般的环境中（这一特征有勒·柯布西耶对城市形态构想的烙印）；

- ■ 减少住区周边的入口数目并设立住区入口标识；

- ■ 采用内向式住宅组团 (这一特征具有奥斯卡·纽曼的"防卫空间"理论的烙印)。

6.3 演变是通过对旧有形态的改进

从小区到门禁社区，一些住区建成空间形态的定性方面的变化可以被看作是基于先前的小区规划设计的改进。首先，对于临周边城市道路的界面，住宅建筑不再直接临街，而是退后到边界"围栏"之后，同时围栏的形式风格多样化起来，其防卫功能越发明显，乃至有些还安装了闭路电视监控器和红外探测器。

在居住建筑形态方面，首先，具备完善设施服务的可租用公寓取代了计划经济时期社会由单位租用的"单身公寓"和"青年公寓"，其次，在小区案例中少量混建的独户家庭住宅，是作为高级别福利住房分配给具有行政要职的干部，而在门禁社区案例中，少量混建的独户住宅则是作为高档的居住商品提供给那些能够负担得起的家庭，成为社会经济地位的表征；第三，与改革开放后建成的小区案例相似，在大部分门禁社区案例中多户家庭住宅的形态呈多层、中高层、高层的混合搭配，且高层占较大比例。但二者不同的是低层住宅的形态在门禁社区案例中鲜有采用，中高层板楼的比例有较明显的增加，多层板楼趋于减少。同时，出现了高于 18 层的高层板楼（线形或 L 形）

抑或更高。上述住宅形态的变化与容积率持续增加的趋势相关联，这可以用马丁（Martin）[1]的理论去解释，即随着层数的增加院落式与板式提高容积率的潜力将不断增加，特别是院落式，但是塔楼形式的潜力在达到一定层数后反而会下降。总之，这些变化可以被看作是市场之手通过规划设计对那些能够进一步增加容积率的多户家庭住宅形态的选择的结果。

在公建设施方面，门禁社区案例的独立式商业建筑与小区案例相比在规模上有明显的增大且包容了更多不同的功能。对于会所（或社区中心）、社区便利店、幼儿园，在大部分案例中被设置在社区大门和围栏的后面成为类俱乐部领域设施，而不是小区案例中的半公共领域设施。同时，在一些门禁社区案例中，基于对设施运行的经济可行性的考虑，这些设施不一定作为必备配套来提供，其中会所、幼儿园，尤其是小学可以被转化为同商业设施一样的对公共领域直接开放的设施。

在道路交通组织方面，停车空间的数量在门禁社区案例中有明显的增加，这可以由案例的平均停车位系数达到户均 1.021 个这一数字中看出。与小区案例相比，门禁社区案例的道路系统布局则趋于更为复杂和不规则（图 6.3.1）。同时，由于在门禁社区案例中设计了扩大的步

[1] Martin, L. and L. March, Eds. (1972). Urban space and structures. London, Cambridge University Press. P 35-38.

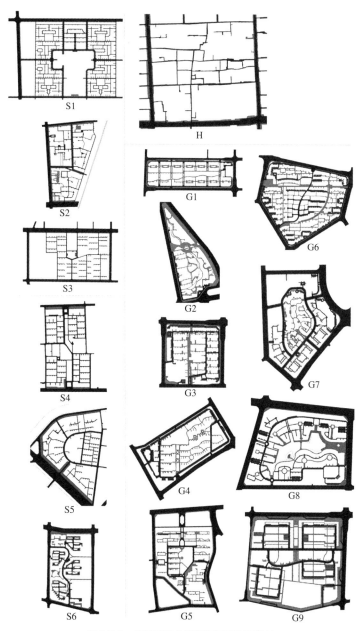

图 6.3.1　案例道路交通组织平面图示比较

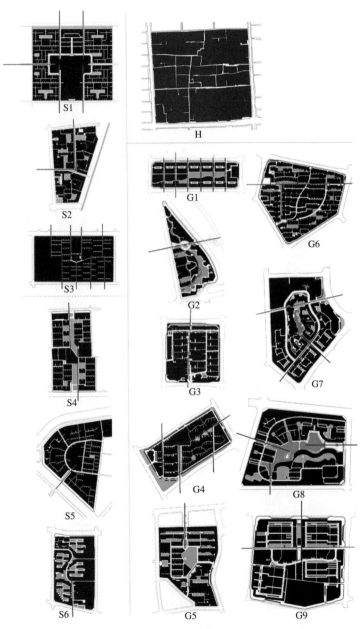

图 6.3.2　案例开放空间组织平面图示比较

行区域和与车行相分离的步行系统，传统的小区内部道路三层级设置已变得不再清晰。

最后，对于开放空间的组织（图 6.3.2），在门禁社区案例中小型社区公园不一定设置在住区中央位置，并且趋向于加大营造的规模和在空间形态上呈线性延展。其他的小块休憩绿地花园则趋向于呈现更多的不规则的形状，分布不均匀且强调相互之间的联系。

6.4　演变是通过采用相对新的设计理念

除上节的形态改进外，另一些建成形式定性方面的变化则是通过采用相对新的规划设计理念去实现。其中最明显的是有守卫的社区大门的设立。通常社区有一个主要入口大门，采用各种具有标识性的设计特征加以强调。一些入口规模小一些的社区，案例中，其主入更像是哨卡，设有车辆障碍设施。值得注意的是，在个别案例中，社区地下车库入口直接向周边城市街道开口。

在居住建筑设计方面，一些相对较新的设计理念与手法，可归纳为如下几点。首先，小区规划设计中的中国传统元素和单调的工业化现代风格被主要源于欧美的异国风格所取代；并且，不同的建筑风格可以共存于同一项目中，例如传统地中海和当代北美。这种在营造风格中采用差异的手段的做法可以被理解为力图通过塑造独特建筑形象来增加项目整体或分期的市场可销售性。其次，一些建筑手段被用来提高多户家庭住宅的居住水准。这包括：为住宅单元入口提供大堂；为多层住宅提供电梯；在高层中减少每层共用电梯的户数；提供豪华户型和顶层阁楼；为住区中较高档的住宅提供专用地下车库入口等。第三，通过这些手段和独户与多户家庭住宅的混建，在同一门禁社区项目中会出现明显的住宅品质区分与等级，且具有较高品质的住宅通常被集中布置在具有较好景观设计的住区中央区域。

在道路系统方面，门禁社区案例大量采用了地下停车方式，同时一些临时地面停车位在住区入口附近提供给访客使用。更为重要的是，车辆沿步行区外围周边进入、停靠的方式在大多数门禁社区案例中以不同的形式被广泛加以应用。一个明显的特征就是沿住区周边在围栏内侧退道路红线区域内设置的内部车行路。这一内部道路的组织方式的目的是将人车分离，形成无车的安全步行区域，这与20世纪20年代的美国郊区新城雷德朋（Radburn）的超级街区的设计原则有异曲同工之处。

同时，这一营造友好的步行居住环境的趋势也与美国新都市主义的设计原则相一致，并且其原则在门禁社区外部开放空间的设计上也得以体现（图6.3.2）。一方面，这体现在强烈的视觉轴线和街景的营造。在三分之二的门禁社区案例中都可以找到一条连接相对的两个住区入口的视觉轴线，这不仅营造了视觉景观，也为门卫的监控提供了方便。另一种视觉轴线是起于住区入口终止于内部。在小区案例中，这种轴线通常终止于内部的公建设施，具有引导外部进入社区使用的作用；在门禁社区案例中，这种轴线则通常终止于人工自然景观，因此具有营造视野景观的作用，这被看作是一种提升住区品质的附加值的手段。此外，新都市主义的原则体现在营造更多更大的各式步行广场空间。

6.5 小结

基于以上对于建成形式的演变与沿承的规律特征的归纳与分析，我们可以将北京城市门禁社区的规划设计归入当今国际门禁趋势之中，而且其可追溯到由先前的小区规划设计演化而来的渊源。或者说，其设计形态是在既有的小区形态框架的基础上逐渐演化形成的。虽然，这种形态的演化称不上突变，但在建成空间形态的各个方面都发生了诸多潜移默化的变化。

同时，由小区形态沿承演变下来的新形态的门禁社区，还具有在本书第一章中所阐述的所有形成于 20 世纪的国际规划设计范式的烙印。虽然新都市主义与现代主义的范式从其教义上来说是相互抵触的，但三种范式的片段在这里被"和谐"的拼凑杂糅在一起。

此外，门禁社区规划设计除了紧跟时代脉搏，对当下流行的新都市主义进行了诠释，但同时又回归现代主义的衣钵，重新挖掘出作为邻里单元早期实践的美国郊区新城 Radburn 超级街区的模式，与门禁社区营造结合起来应用于市场化下的中国城市住区规划设计中。因此，从小区到门禁社区的演化过程不是简单的线性过程，而是伴有着往复交错。尽管这种在规划设计理念方面发生的演化还有着相当大的不自觉性，但它在广袤的中国大地上，在规模宏大的中国城市化进程中已经切切实实的在发生着，并真实的影响着人们的生活。

第七章

背离与回归：住区空间构型的句法比较分析

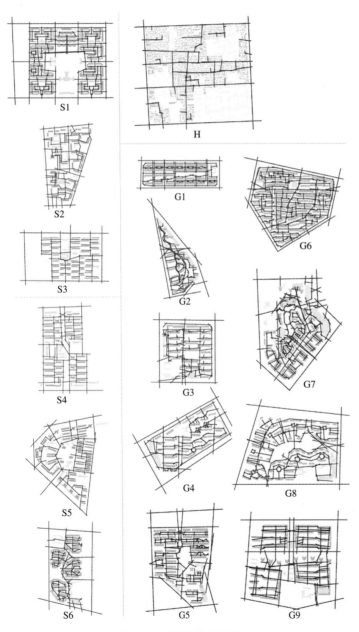

图 7.1.1　案例轴线图示比较

本章以空间句法的构型研究方法对案例进行系统的比较分析，其目的是揭示这些门禁社区规划设计在"空间构型"方面是如何不同于早期的住区规划设计的，进而增进对当下北京门禁社区规划设计特性的理解。

基于空间句法常规使用的轴线模型，对案例的一系列句法的定量分析在后文中，将被逐一加以阐述，其中主要包括对一系列指标参数分析。

7.1　街道构型的基本特性

对于各案例的街道构型的基本几何特征与局部特性，首先可以通过对案例的轴线图示的观察。如图 7.1.1 所示。从图中可以看到，门禁社区案例的轴线结构与小区案例相比，特别是与传统住区案例相比，在肌理上更为错综复杂，并趋向于有更多的轴线方向变化和轴线之间更大的交角。

随之还可以通过四个指标来对基本特性做一深入的定量分析。

第一个指标称作"轴线密度"（Axial Density），即轴线段数量与住区用地面积（单位：hm²）的比值。比值越大，意味着在更大程度上街道网格沿轴线方向被打断。如图 7.1.2 案例排序所示，传统住区案例的比值最低为 1.486。由于存在较多中等长度的轴线，比值第二低的是用地最大的门禁社区案例鑫兆佳园为 3.02。相比之

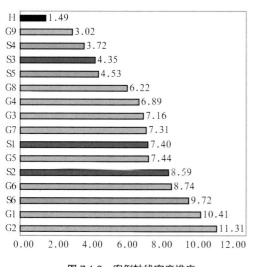

图 7.1.2 案例轴线密度排序

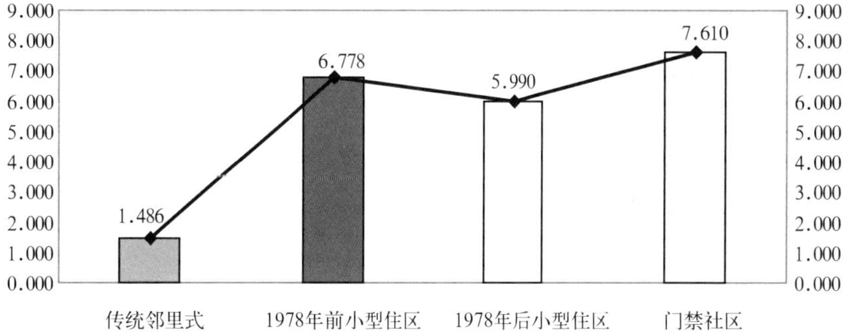

图 7.1.3 轴线密度变化趋势

下，用地最小的两个门禁社区案例却有最高的比值，这主要是由于小庭院和弯曲路径
的营造所致。

通过对不同时期案例轴线密度均值的比较发现（图 7.1.3），建于 1978 年前的小区
案例的均值（6.778）明显高于传统住区；到了 1978 年后小区案例均值（5.99）略有下
降；而门禁社区的案例均值又回升至最高，为 7.61。由这一指标的分析结果可以看到，
一方面说明了门禁社区规划设计趋向于营造更为小尺度的道路空间网络，由此更多的
街道空间片段可以被挖掘使用，另一方面也印证了传统住区与现代住区规划设计在这
一度量上的迥异。同时，从 1978 年前小区到门禁社区之间的波动与影响还与不同时
期出现在现代住区规划设计中的外来设计模式之间的差异有一定的关联，如影响 1978
年前住区规划设计的苏联模式，影响 1978 年后小区规划设计的现代主义模式（以包
豪斯和勒.柯布西耶为代表），以及影响门禁社区规划设计的美国新都市主义等。

第二个指标是"网格轴线性"（Grid Axiality），是用于指示一个街道网络的轴线结
构在多大程度上与一个具有同样数量地块划分的正交轴线网络结构相接近，或者说是
用于指示一个街道网络的网格变形程度。当此数值小于或等于 0.15，意味着网格有很

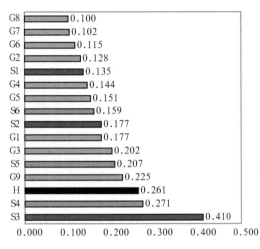

图 7.1.4　案例网格轴线性排序

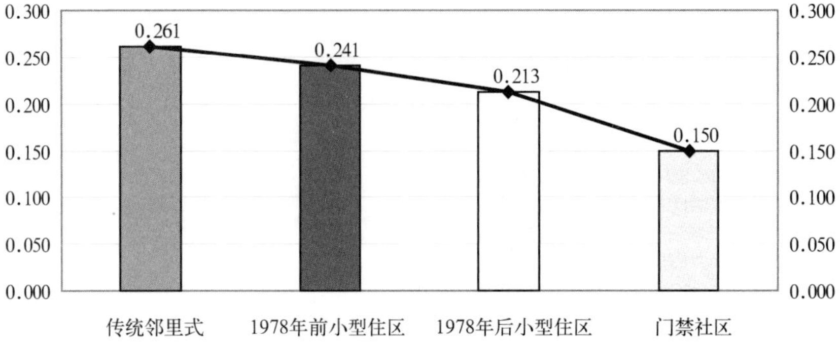

图 7.1.5　网格轴线性变化趋势

大程度的变形；如果大于或等于 0.25，则表述网格非常接近正交网格结构。如图 7.1.4 所示，传统住区的数值为 0.261，所以其街道网络相当网格（正交）化。与之相比，所有的门禁社区案例的数值则都低于 0.25，其中五个案例（G8，G7，G6，G4，G2）的数值低于 0.15，而又以顺驰领海（G8）项目的数值最低，为 0.1，分析这与位于用地中部的大型人工湖有关。而具有里弄式街区的龙潭湖（S3）和塔院（S4）比传统住区的数值要高，尤其是龙潭湖的数值达到了 0.41。如进一步将不同时期案例均值进行比较，从图 7.1.5 中可以看出，数值呈逐渐加速下降趋势，门禁社区案例均值降到 0.15，这意味着相当大程度的网格变形已成趋势，反之也可以说，门禁社区的街道网络穿透性在总体上趋向于明显减弱。

　　第三个指标为尽端轴线百分比，也就是不处于循环路径上的轴线空间在所有轴线中所占比例。按照案例的排序（图 7.1.6），门禁社区案例和 1978 年后小区案例的数值都低于传统住区案例的 35.94%。唯独 1978 年前小区案例龙潭湖，比传统住区还要高，达到 48.98%。不同时期案例均值的比较如图 7.1.7 所示，呈现出逐渐减速下降趋势，门禁社区案例均值降至最低为 7.12%。由此可以说明，门禁社区规划设计更趋向于营造局部循环流通的街道空间网络。

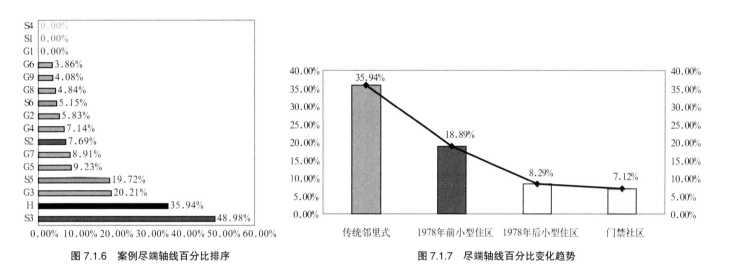

图 7.1.6　案例尽端轴线百分比排序　　　　　　　图 7.1.7　尽端轴线百分比变化趋势

7.2　居住建筑入口与轴线结构界面相关分析

本节通过四个指标对居住建筑入口与轴线结构之间的界面或连接特性进行相关的分析。

第一个指标称为"邻里度"（neighborliness score），即居住建筑入口的总数量与连接的轴线空间的数量的比值。如图 7.2.1 所示，与小型住区案例相比，三分之二门禁社区案例均为较小的"邻里度"。但同时由德国 Gmp 公司设计的鑫兆佳园（G9）的"邻里度"是所有现代住区案例中最大的。总体来看，不同时期案例均值比较（图 7.2.2）呈现的是逐渐下降的趋势。而这种趋势可能带来的结果是对居民独享进入个人住所感受的增强。

第二个指标称为"（界面）分解度"（decomposition score）。其数值是由将所有居住建筑入口连接起来所需的轴线数目除以与居住建筑入口连接的轴线数目的比值。这一指标用以指示居住建筑入口与轴线结构之间界面的分解或不连续程度。对于传统住区案例，通过和环绕住区的路径与住宅院落的入口有连续的连接，所以其（界面）分解度的数值最低为 1.0。相对比之下，所有小区与门禁社区案例的数值都大于 1.0，可

145

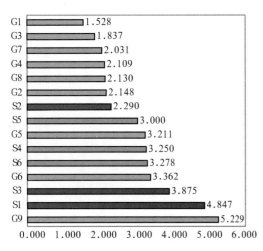

图 7.2.1　案例邻里度排序

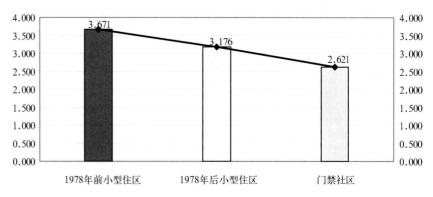

图 7.2.2　邻里度百分比变化趋势

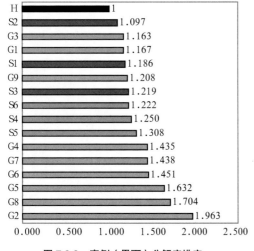

图 7.2.3　案例（界面）分解度排序

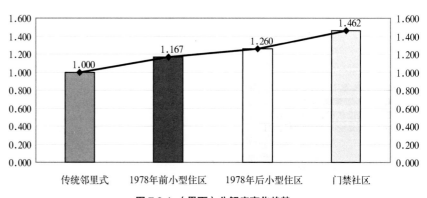

图 7.2.4　（界面）分解度变化趋势

以说现代住区规划设计已将传统住区连续的界面打断，形成了不连续的片段。而1978年后小区案例较之前的小区案例的（界面）分解度都要大（图 7.2.3），这进一步验证了第四章所讨论的城市街区解体的过程。这一过程，在门禁社区案例中得到了进一步的强化，由图 7.2.4 中的各时期案例均值比较可以清晰地看到，从传统住区到门禁社区（界面）分解度总的呈持续增高的态势。可以说，门禁社区的居住建筑在空间上倾向于被更加分隔开来，由此强化了居住的私密性。

下述两个指标是以与居住建筑入口直接连接的轴线为基点进行深度分析的两个基准指标。一个是与居住建筑入口没有连接的所有轴线的拓扑深度的平均值，称为"邻里疏远度"（No-neighbours score）。当案例的邻里疏远度越高，则其拥有更多在拓扑距离上远离居住建筑入口的空间。由于传统住区的道路网络与居住建筑入口处处相连，其度量值为 0。在案例排序上（图 7.2.5）现代住区案例之间的分化不是很明显，但门禁社区案例的数值跨越幅度则比较大，其中鑫兆佳园的值最小，大西洋新城的值最大，这是由于环绕用地中心人工湖的蜿蜒步行路和外部连接城市商业设施的停车道所至。由各案例均值的比较（见图 7.2.6）也显示了持续增高的态势。由此可以说明，门禁社区规划设计趋向于营造更多在拓扑距离上远离居住建筑入口的空间，在这些空间中，使用者不仅疏远于附近的邻居而且包括所有其他社区中的住户。

另一个指标称为"（周边）分离度"（Separation index），其是以居住建筑入口直接连接的轴线为基点的住区周边道路轴线拓扑深度的平均值。传统住区的数值为 0，因为其周边道路处处与居住建筑入口连接。依照各案例排序（图 7.2.7），各时期案例的

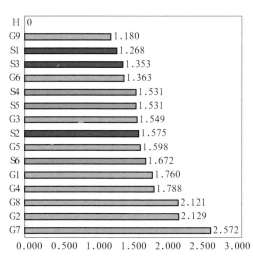

图 7.2.5　案例邻里疏远度排序

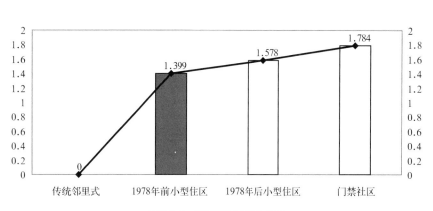

图 7.2.6　邻里疏远度变化趋势

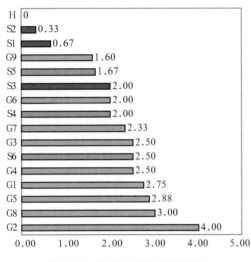

图 7.2.7 案例（周边）分离度排序

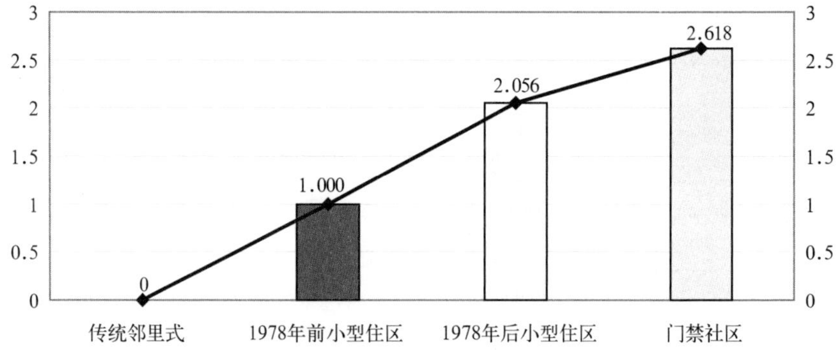

图 7.2.8 （周边）分离度变化趋势

分化不是很明显，幸福村和百万庄项目是数值最低的两个案例，有硅谷后花园之称的上地佳园的（周边）分离度最高。而通过案例均值的比较（见图 7.2.8）则显示了分化逐渐加剧的态势，这意味着在空间距离上承载私人领域的居住建筑趋向于进一步远离周边的城市公共领域。

7.3 周边城市道路基点拓扑深度分析

这一节是对以住区周边城市道路为基点进行的相关深度分析，即以周边城市道路的轴线空间为基点生成其他轴线空间的深度值，进而导出两个相关的指标。

第一个指标简称为"迷宫指数"（Maze Index），即其他轴线空间的平均拓扑深度值。这一指标值越高，意味着街道网络里迷宫般的复杂程度越高。各案例迷宫指数排序显示（图 7.3.1），传统住区的数值为 2.197，其内部街道空间大部分可在三个空间转折之内从周边城市道路抵达。虽然现代住区案例按时期的指数值的分化不明显，但所有的门禁社区案例的数值都大于传统住区。同时，受包豪斯思想影响具有典型里弄式街区模式的小区案例如龙潭湖和塔院则比传统住区的数值要低，而受防卫空间思想影响更

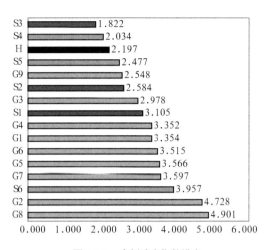

图 7.3.1　案例迷宫指数排序

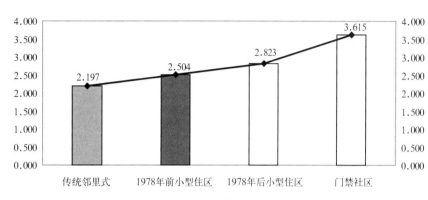

图 7.3.2　迷宫指数变化趋势

大的恩济里小区在小区案例中数值最大。不过比恩济里小区数值还要大的案例是硅谷的后花园上地佳园和生活的乐园顺驰•领海。案例迷宫指数指标均值的比较（图 7.3.2）呈现出逐渐上升的趋势，并伴有一定的增速。这意味着，门禁社区规划设计趋向于营造更为复杂的街道网络，当然由此也更会造成方向的迷失。

　　第二个指标是反应与居住建筑入口连接的轴线空间的深度分布的标准偏差值（Standard Deviation）。此值越高，则居住建筑在不同拓扑空间深度上分布的越广，反之则越集中分布在一定的空间深度上。如图 7.3.3 各案例的深度分布标准偏差值的排序所示，数值最低的两个案例和数值最高的两个案例与前一指标迷宫指数的排序结果一致。与此同时，按时期不同案例的分层也并不明显。但如从案例均值的比较（图 7.3.4）考察，则显示出较为波折的变化趋势。首先，1978 年前建成的小区案例数值总体略高于传统住区，分析其原因主要是受到早期街坊式规划设计模式和当时统一投资建设方式的影响。而 1978 年后的小区案例数值趋于较明显的下降而低于传统住区，这可以归因于里弄式街区模式的应用与计划经济统筹规划的结果。最后，门禁社区案例的数值趋于较大幅度的回升，达至最高点，由此形成拓扑深度上的较大差异化，显然这与市场经济条件下门禁社区开发中住宅产品差异化是相互关联的。

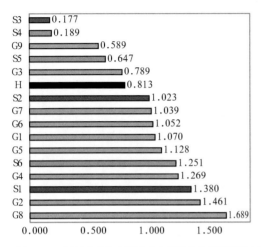

图 7.3.3　居住建筑入口深度分布标准偏差值案例排序

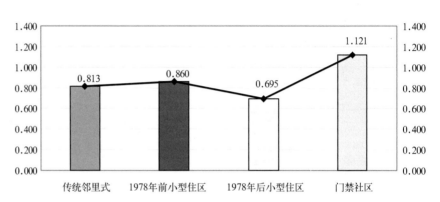

图 7.3.4　居住建筑入口深度分布标准偏差值变化趋势

7.4　总体整合度分析

上述关于基点拓扑深度分析是从局部特定角度对住区街道构型特性的诠释，本节的分析将基于"总体整合度"（Global Integration），从总体的角度对住区空间形态进行分析。在轴线模型中每一轴线的总体整合度是这一轴线到所有其他轴线的平均拓扑深度的权衡值。这一度量可以指示轴线模型中各轴线的相对空间拓扑关系：总体整合度越高，则某一轴线与其他轴线在空间拓扑关系上越密切，或者说，其拓扑可达性越高。基于轴线空间的总体整合度，可以导出下述四个相关指标。

第一个指标是住区周边城市道路轴线空间的平均总体整合度。由案例的周边城市道路轴线空间平均总体整合度值排序显示（图 7.4.1），1978 年前建成的小区案例和所有门禁社区案例的数值都低于传统住区的数值（1.979），而只有改革开放后作为依据北京第一次小区规划设计竞赛结果所建成的塔院项目的数值高于传统住区。数值最低的两个案例是具有最高迷宫指数的门禁社区案例上地佳园和顺驰·领海。而不同时期案例均值比较则显示的是连续下降的趋势（图 7.4.2）。由此可见，伴随着城市转型住区周边城市道路的可达性趋向于进一步的减弱，进而趋向于阻碍居民对于作为公共领

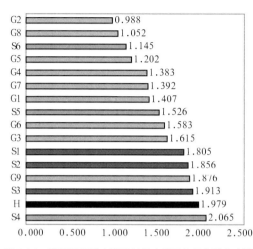

图 7.4.1　案例周边城市道路轴线空间平均总体整合度排序

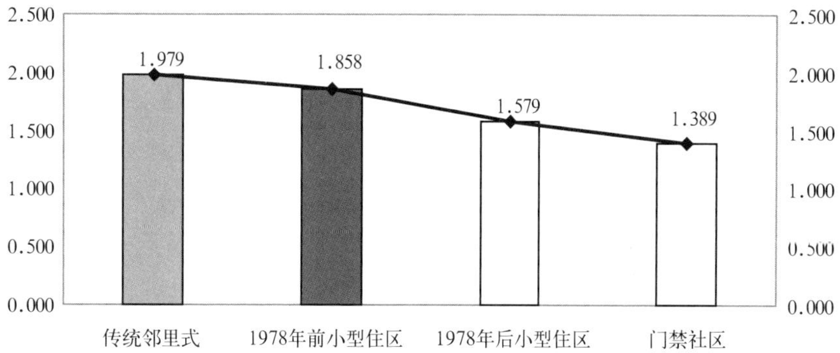

图 7.4.2　周边城市道路轴线空间平均总体整合度变化趋势

域的周边城市道路的方便使用。

　　第二个指标是轴线结构中所有轴线的平均总体整合度。如图 7.4.3 案例的所有轴线的平均总体整合度值排序所示，不同时期案例的分化并不明显，基本上是以传统住区的指标为基准左右分布。平均总体整合度最高的案例和最低的案例均为门禁社区，分别是鑫兆佳园和顺驰·领海。按照案例均值比较（见图 7.4.4），1978 年前建成小区案例的均值与传统住区的数值相同（为 1.267），这说明 1978 年前小区案例的内部街道空间的整合度或相互可达性与传统住区相比趋向于增加。到了 1978 年后，小区案例的均值下降至 1.191，但随后门禁社区案例的均值回升至 1.265。这意味着门禁社区规划设计所营造的空间比 1978 年前小区规划设计实现了相互可达性更高的内部街道空间网络。

　　第三个指标是轴线结构中所有轴线的总体整合度的标准偏差值。从统计意义上讲，此值越大轴线结构总体整合度的变化幅度越大。按照此值的案例排序（图 7.4.5），所有小区案例的数值均比传统住区要低。而三个街道网格变形较小的门禁社区案例（G3，G9，G1）的数值大于传统住区。按照案例均值比较（图 7.4.6），1978 年前建成的小区案例的均值比较明显的低于传统住区的数值，这主要归咎于受苏联设计模式影响的小区案例。伴随着改革开放，从 1978 年后小区到门禁社区则呈连续回升态势，但最

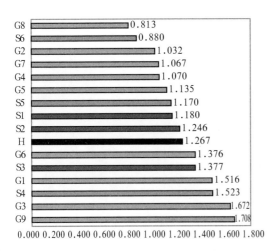

图 7.4.3　案例的所有轴线的平均总体整合度排序

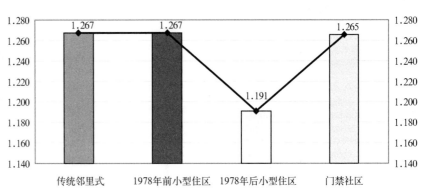

图 7.4.4　所有轴线的平均总体整合度平均总体整合度变化趋势

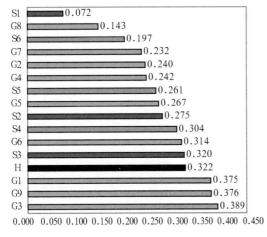

图 7.4.5　所有轴线总体整合度标准偏差值案例排序

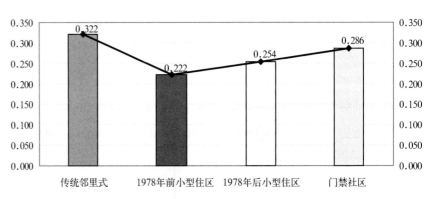

图 7.4.6　所有轴线总体整合度标准偏差值变化趋势

　　终门禁社区案例的均值仍更接近于 1978 年后小区案例。总的来说，与计划经济时期的小区规划设计相比，门禁社区规划设计趋向于营造在总体整合度上或拓扑可达性上更为不均等的住区街道网络。

　　第四个指标是所有与居住建筑入口连接的轴线的总体整合度的标准偏差值。如案

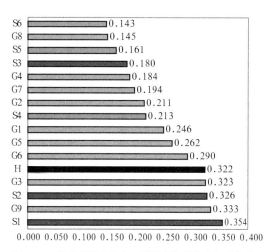

图 7.4.7　连接居住建筑入口轴线总体整合度标准偏差
值案例排序

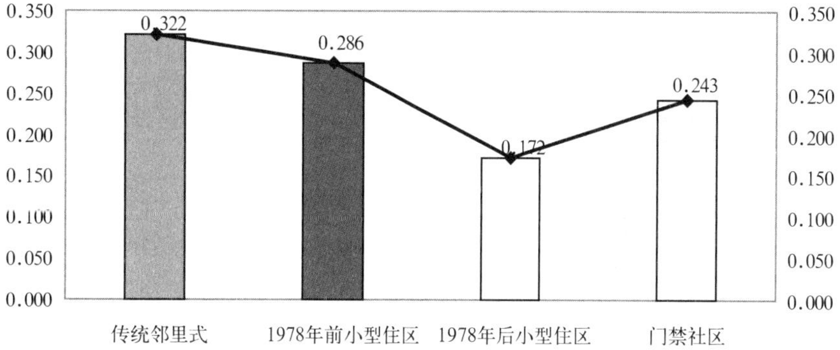

图 7.4.8　连接居住建筑入口轴线总体整合度标准偏差值变化趋势

例排序所示（见图 7.4.7），所有 1978 年后建成的小区案例的数值仍低于传统住区，但具有街坊式街区模式的百万庄和幸福村小区的数值却高于其他传统住区，尤其是具有最高值的百万庄小区同时具有最低总体整合度标准偏差值。而通过案例均值比较（图 7.4.8）可以看到，1978 年前建成的小区案例的均值仍低于传统住区的数值，这主要可归因于受到人民公社模式影响的小区案例。而 1978 年后建成的小区，各案例均值持续下降并未回升，这可以归因于各项目都在试图营造与用地大小相同的内向住宅组团而不论规模大小，或受到"防卫空间"理论的重大影响。从表中可以看到，直至门禁社区案例均值才有所回升，但仍未超过 1978 年前小区案例的均值。这意味着，伴随着市场化，与 1978 年后综合统筹规划设计的小区相比，门禁社区的居住建筑在拓扑可达性上则多会发生一定分化。

7.5　整合核心分析

本节是对轴线模型中总体空间整合度数值排名占前 10% 的轴线的分布模式的分析，在以往的空间句法研究中称作"整合核心分析"。空间句法理论认为，整合核心

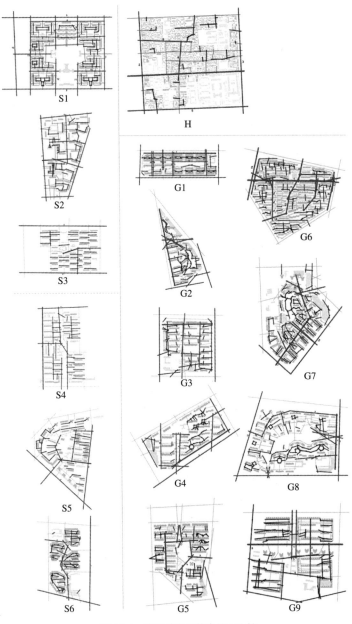

图 7.5.1　案例的空间整合核心比较

的分布模式对不同尺度的城市空间系统的功能运作具有关键性的作用。由于整合核心相对应的街道空间为街道系统中（拓扑）可达性相对最高的部分，因而这些空间最有可能被穿越这一街道系统的人流（或总体人流 Global Movement）所使用。在图 7.5.1 中，案例的整合核心由粗黑线标识出来，通过对这些案例的观察可以发现如下特征。

第一，传统住区和按街坊式街区模式规划设计的 1978 年前建设的小区案例，百万庄和幸福村的整合核心涉及所有的周边城市道路。尽管开发规模相对较大的门禁社区案例（G4，G6，G7，G8，G9）的整合核心与其余小区案例一样涉及个别周边城市道路，但开发规模相对较小的门禁社区案例的整合核心却不涉及任何周边城市道路，也就是说，其整合核心只分布在非公共或俱乐部（会所）领域中。

第二，传统住区与计划经济时期建设的小区案例的整合核心的分布相对稀疏分散，而门禁社区案例整合核心的分布趋向于集中渗透。同时，在三分之二的门禁社区案例中（G1，G3，G4，G5，G6，G9），整合核心形成至少一个内部环状路径，而这不同于其他传统住区和小区案例。

第三，传统住区与计划经济时期建设的小区案例的整合核心的分布模式基本上可以比作是"变形车轮"。也就是说，这些案例的整合核心由部分周边轴线（如同轮缘），一些连接边缘与中心的轴线（如同轮辐）和个别靠近中心的轴线（如同轮轴）构成。尽管在用地相对较大的门禁社区案例中（G5，G6，G7，G8，G9），"变形车轮"分布模式仍大致上较易识别，但在其他门禁社区案例中，则呈现出不同的样式，如 T 型砌块状（G1）、梳状（G2）、阶梯状（G3）、花边状（G4）等。

基于上述对整合核心分布模式的观察，可以进一步推断出街道构型对进出穿越住区的人流的潜在影响。总体来说，传统住区和小区案例的街道构型使住区中心对非居民是开放可达的，同时倾向于疏导非居民穿越离开。对于居民来说，其街道构型倾向于协助他们出行和使他们的路径相分流。相比较而言，门禁社区案例的街道构型则更倾向于疏远非居民，但同时吸引他们进入社区，然后或者直接穿越，或者经内部绕行而出，或者被引入住宅组团内部。对于住区居民来说，门禁社区案例的街道构型倾向于汇集他们的进出流动，同时倾向于促进他们在住区内部小花园的局部循环流动。

7.6 可理解度，协和度，人流界面

对案例街道构型的总体拓扑特性的解读可进一步通过对三个属"第二层级"（Second Order）指标的分析而获得，即"可理解度"（Intelligibility）、"协同度"（Synergy）、"人流界面"（Movement Interface）。

第一，"可理解度"，在统计上的界定是轴线总体整合度与轴线连接度（Connectivity）的线性关联系数。所谓某一轴线的连接度，简而言之即是与这一轴线相交的轴线数目。当某一街道网络的可理解度越高，使用者就越能够从局部获取的构型信息来推断所处空间的总体构型特征，或者说空间构型特性的可识别性越高。案例排序显示（图 7.6.1），不同时期案例在这一指标的分化并不明显，但所有 1978 年后建设的小区案例的数值则都低于传统住区，尤其是受防卫空间理论影响较大，具有内向院落嵌套的如恩济里小区的"可理解度"数值是所有案例中最低的一个。同时，具有内向街坊式中心街区模式的门禁社区如西山庭院项目的数值在案例中为最高。由案例均值的比较显示（图 7.6.2），伴随中国城市小区规划设计模式形式，住区空间构型的可理解度趋于不断下降，但伴随着市场化和门禁社区的规划设计的兴起，可理解度又有所回升，以致高于 1978

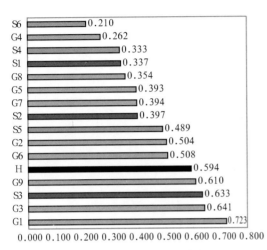

图 7.6.1　可理解度案例排序

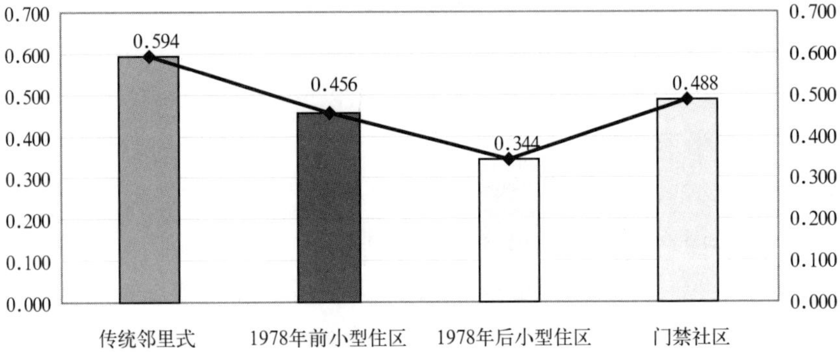

图 7.6.2　可理解度变化趋势

年前建设的小区案例。这意味着，对于处于门禁社区的使用者来说，其空间构型特征的可识别性要高于计划经济时期的小区，尤其是改革开放后建设的小区，因此从空间构型角度来说对于使用者行为的指导亦会更明确。

第二，"协同度"，在统计上的界定是轴线总体整合度与轴线局部整合度（Local Integration）的线性关联系数。按照空间句法研究的常规，轴线的局部整合度指示某一轴线与在 3 步拓扑距离内的其他轴线的相对空间拓扑关系。从广义上说，协同度高的街道网络倾向于具有单一核心的轴线结构，倾向于汇集总体人流与局部抵达人流（Local to-movement）；反之，则倾向于具有多核心的空间结构，其倾向于分离总体与局部抵达人流。按照案例排序（图 7.6.3），所有小区案例的数值低于传统住区，数值最低和最高案例仍是恩济里和西山庭院项目。不同时期案例均值比较（图 7.6.4）的结果与可理解度分析的结果相似。也就是说，与小区规划设计模式的形成相伴随的是由单一核心结构向多核心空间结构的转换的趋势，同时住区空间的城市活力也随之逐渐减弱。伴随着市场化和门禁社区的营造，单一核心结构又趋向于复兴，但与开放式的传统住区不同的是门禁社区是封闭式的，对于居民对住区内部空间的使用效率会有所提升而少于惠及非本区居民。

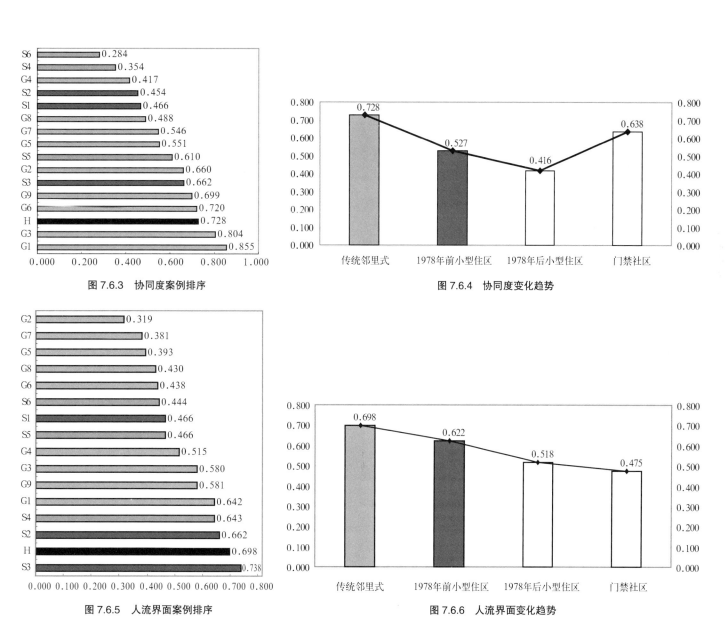

图 7.6.3　协同度案例排序

图 7.6.4　协同度变化趋势

图 7.6.5　人流界面案例排序

图 7.6.6　人流界面变化趋势

第三，"人流界面"，在统计上的界定是轴线总体整合度与轴线"总体选择度"（Global Choice）的线性关联系数。轴线空间的"总体选择度"是表达某一轴线处在所有两两轴线间最短拓扑路径上程度的量度，简而言之，就是其有人经过的可能性的大小。由于总体整合度系倾向于引导总体人流，而总体选择度则倾向于引导对住区街道布局熟悉的居民在住区内部的流动，故人流界面在一定程度上可以指示进出穿越的总体人流与居民在住区内部流动的结合程度的大小。从案例排序显示（图 7.6.5），1978 年后建设的小区与门禁社区案例的数值都比传统住区要低，但数值最高的案例是龙潭湖项目，可以看作为城市人民公社意识形态的一种体现。案例均值的比较结果（见图 7.6.6）呈现的是逐渐下降的趋势，这意味着伴随中国现代社会与城市发展，居住文化对公共与私有财产的划分在住区层面的划分也已呈现得越发明显。

7.7　小结

通过本章以一系列的空间句法对各案例进行的比较分析，揭示了门禁社区规划设计与此前的小区规划设计和传统胡同街区在街道构型上的不同特性与变化趋向。

对于由定量分析所揭示的变化趋向，总的可以归纳为两类。第一类，伴随着社会、经济的持续发展，（北京）城市不断扩张，社会机动性（mobility）不断增强，新的空间形态对传统住区规划设计街道空间构型特性上逐渐背离。这包括：趋向于营造更为小尺度，局部环通、网格变形和"迷宫般"复杂的住区街道网络；趋向于进一步减小周边城市道路的拓扑可达性和进一步增加居住建筑入口与周边城市道路和住区内部一些空间的拓扑距离；趋向于进一步减小居民内部流动与进出穿越社区的总体人流的关联。

另一类变化趋向则是与中国市场化变革和居住空间的"再商品化"的过程同步，可以被看作是对传统住区规划设计在街道空间构型特性上的不同程度的回归。这类趋向集中显示在总体空间拓扑特性方面，包括：增加住区内部街道空间的相互拓扑可达性；增加街道空间和居住建筑入口在拓扑可达性上的不均等性；增加街道网络的可理解度；增加局部抵达人流与总体进出穿越人流之间的结合度或增强住区内部空间的活力。与上述第一类变化趋向不同，这类变化趋向兼具有增强门禁社区居民之间和与非居民之间的相遇与集聚的潜能。

第八章

中国式城市人居的建构

通过前述四章（以北京案例为例）对有关住区形态演化的实证研究论述，揭示了伴随中国城市转型的住区形态演化的特征规律，并阐明了与其直接关联的设计思想意图和对于日常生活使用体验的潜在影响。基于实证研究的结果，本章将对城市转型和住区形态演化对于建构中国式城市人居的意义和内在机制展开进一步的探讨。

首先，在第一节中，将研究中国城市转型的主要社会因素是如何借由规划设计的途径手段对中国式城市人居的空间形态进行建构的。在随后的三节中，将结合本书第二章中所讨论的门禁社区问题，分别就住区形态演化对于中国式城市人居建构的文化、政经和社会意义及与之对应的规划设计手段做一论述。

8.1　城市转型与中国式城市人居的物质形态建构

在中国，由于快速的城市化进程，住区规划设计基本上仍是采取自上而下由行政和规划师规划出的模式，是中国城市人居物质形态塑造的直接途径。但具体模式手段的选择除了受到既有模式手段的影响外，同时在更深刻的层面还受到城市转型中各种社会力的牵制。因此，中国城市人居物质形态的建构可以被看作是规划设计回应城市转型的结果。

作为中国城市转型的一个主要挑战，全球化的作用是通过广泛的国际设计合作和无处不在的国外城市文化的影响。由此带来了一些新的设计词汇和理念，被用来营造可供新兴"中产阶级"消费的新的生活方式。在规划设计上最明显的表征是直接或间接来自国外的建筑风格，其中包括具有新都市主义烙印的开放空间设计。

与全球化相并行，市场化作为中国城市转型的另一个主要挑战对社会的经济和文化更有着深远的影响，尤其是在城市的发展与管理机制方面。作为市场化对社会经济影响的一个结果，社会经济分层反映在具有不同居住品质住宅的建造上。同时，经济繁荣和个人财富的增加导致居住空间消费的增加，辅之正在缩小的家庭规模从而促成了城市周边新建住区人口密度急剧下降的趋势；另一方面，经济繁荣和个人财富的增加导致私人汽车消费的激增，进而导致规划设计对停车空间与道路的考虑，尤其是地下停车空间，在道路系统上采用类似于 Radburn 的人车分流的设计方法。

就文化方面的影响而言，文化多元性的增强显现在各式的建筑风格上。同时，对于安保的需求为门禁提供了合理性；对于更好的居住环境的需求，是通过减少人口密度提高居住品质和提供足够的绿色开放空间以及专业化的景观设计来实现的；对于居住者身份和名望的渴望则是通过边界的界定与划分，独特的建筑风格和提供专门的服务和专用的设施而满足。此外，增强的社会机动性、选择权和对声誉的关注可为在住区内不提供幼儿园和小学等教育设施提供了合理性。

就在城市发展和管理机制方面的影响而言，主要反应在五个具体方面。

首先，土地使用权的市场化为开发商提供了更多的在所划定的国有地块内运作的自由度，其结果是更为自我的建筑与景观设计和采用类美国 Radburn 超级街区的设计模式，相比而言，不无讽刺的是由于个人土地所有权的约束，Radburn 的模式反而在美国没有推广开来。[1]

第二，城市服务的私有化，即由物业管理企业来提供住区的全部服务。这在一定程度上会导致减少住区出入口的数目和使居住建筑从边界完全分离开来以便于管理和降低维护成本。同时，出于对分期开发和实行区别化物业管理的可行性的考虑，高品质的住宅倾向于被设置在住区中央相独立的最佳景观区中。

第三，由于住房商品化，市场逻辑特别是开发商的逻辑对住宅设计有强力的影响。基于对市场需求的考虑，私人租赁的公寓代替了计划经济时期的单身或青年宿舍。按照规模经济的原则，高度为 18 层以上的公寓楼趋向于出现在较大规模的门禁社区开发中。同时，开发商的利润最大化的逻辑导致了与人口密度下降趋势相逆的容积率攀升态势。反过来，通过对能够获得更高容积率的住宅形态的"市场选择"，低层住宅楼的形态不再被考虑，中高层住宅楼的形态比多层趋于更受欢迎，同时由于居住环境的要求（日照、通风和采光等）出现了不同以往的低于 18 层的塔楼和高于 18 层的板楼形态。此外，为了增加销路和附加值，市场化下的社区营造倾向于在分期开发中创造风格和品质的差异。

第四，对公共设施供给方式的市场化同样是源于市场化或开发商的逻辑。呼应城

---

[1] Buchanan, C. Traffic in Towns: A study of the long term problems of traffic in urban areas. London, Her Majesty's Stationery Office. 1963: P47.

市发展和市场需求，大型商业综合体成为新的城市界面。同时出于对经济权属的维护，除了商业设施，其他主要公共设施大多转换成社区大门后面的俱乐部领域内设施。不过，出于对经济活力和特定地点的具体情况的考虑，这些设施的提供也具有一定的可变性，有时也面向区外开放。

最后，环境基础设施的私有化的最明显表现是大尺度人工景观的营造，特别是人工水景。其主要是为了增加销路和项目附加值。同时，为了挖掘视野的经济价值，规划设计试图营造各式景观小品和不同形式的步行道或林荫大道的街道景观，并将小公园与建筑分离，成为独立的自然景观。

如上所述，市场化条件下的社区营造或社区规划的结果是一种由市场和消费驱动的住区形态。与计划经济时期的小区不同的是，新的社区营造是基于社会经济能力的提升而不再是对小区规划设计（特别是改革开放前的小区规划设计）有关键影响的社会经济的匮乏。[1] 依据比尔.希利尔教授有关影响人居形态形成的双重进程理论，门禁社区的整合核心趋向于具有不同于"变形车轮"的分布模式，在一定程度上意味着由社会文化驱动的居住进程对邻里空间结构形成的影响的增强。从另一角度说，这就意味着由微观经济活动驱动的公共进程对邻里空间结构形成的影响的进一步减弱。

8.2 中国式城市人居的文化建构

安全是人居环境文化建构的一个基本的和重要的内容。从传统住区到当下门禁社区的规划设计，创建城市安全的公式发生了实质性的改变。传统住区的公式是与封闭的四合院建筑群入口紧密连接并向城市开放的街道系统，鼓励居民和非居民相互间的自然监视。20世纪50年代初期成街成坊建设的小区，其公式是外向的周边式街坊加上内向的空间围合，在鼓励居民和非居民相互间自然监视的同时，提供在本区居民监控下的半私人领域。在其后的小区规划设计中，城市安全的公式变为领域界定和内向

---

[1] Lu, D. Remaking Chinese urban form: modernity, scarcity and space, 1949-2005. Abingdon, Routledge, 2006.

的建筑组团直至防卫空间概念的引入，这种模式倾向于排斥非居民的自然监视，而加强内部的邻里守望，通常是由退休的老人来承担。如今，对于新的门禁社区，有门卫的大门、边界围栏加上其他的安全防护措施，如闭路电视、红外探测器、保安巡逻队等成为新的公式。总之，从传统住区到门禁社区，使用非居民作为自然监视的来源被逐渐取代，而越来越多地使用人工和电子设施监视的措施。

作为营造住区环境安全防护的副产品，门禁社区倾向于加强住区环境的管制。这表现为对车和对人的管制。对于车辆的管制是通过门禁管理，通过减少出入口和人车分流式的街道布局设置。而对于人的管制，一方面通过门禁和围栏来控制非居民的进入，尤其是小商小贩和对社区安定及声誉会造成危害的闲杂人员。另一方面，内部贯穿的视觉轴线和更易理解和整合的街道布局会支持安保人员的巡逻和监控，同时贯穿的视觉轴线也可能作为一种社会管制的象征性手段为适当的行为提供线索。在心理上，受到管控的居住环境有可能会使居民有安稳的感觉，同时会提升居民作为成员的社区或团结意识。[1]

在营造更具安全防护和社会管制性质的居住环境的同时，门禁社区趋向于营造世外桃源般的或是主题公园般的居住环境。世外桃源般的居住环境类似于一种郊区休养所，可以使居住其中的居民暂时撇开工作的压力和避开外面嘈杂的交通与人群而享受独处与不受干扰的自由。这是一种生活方式的营造，在某种程度上与私有的美国郊区生活的图景相通。更确切地说，这种生活方式是通过边界围栏的阻隔，减少与周边道路的连接，增加住宅与周边道路的分离指数，增加街道网格变形和"迷宫指数"，降低邻里度和增加界面分解度，设置秘密花园或公园中的隐秘空间，创造自然的环境景观以激起田园感受和田园诗般的想象以及对视景的挖掘，如人工湖上的桥和消隐在绿地景观中的视觉轴线等途径来实现的。

对于主题公园般的环境营造，实际上是营造某种幻境想象或梦幻的王国。归纳起来，一般有三种主题：文化主题、历史主题和生活方式主题。文化主题是对某种期盼的设定，如家园和青春，这主要是通过建筑和景观设计中象征性符号元素的使用，还有就是市

[1] M. Plas, J. and S. E. Lewis. "Environmental Factors and Sense of Community in a Planned Town." American Journal of Community Psychology. 24(1)1996: 109-143.

场营销的措辞；历史主题是通过对中国传统或欧洲古典建筑风格的模仿以唤起居民某种贵族感或精英感受；生活方式主题可以是对某种异国情调生活方式的拼贴，如地中海式，或者是移植现代欧洲小镇的生活方式。通过提供一个共同的主题关联或主题环境的营造以期提升居民的社区意识，尤其是对欧洲小镇设计的移植可以提供一种倾向于唤起社区意识的场景。

纵观以上，由门禁社区规划设计所营造的人居空间与法国哲学家福柯1967年在一次为建筑师所做演讲中所阐述的"异托邦"（heterotopias）空间有相似之处。[1] 与乌托邦（utopias）的空想主义相对照，异托邦空间是真实和可以想象的"其他空间"（other spaces）或者说是一种"有效实现的乌托邦"（effectively realized utopias）。具体地说，中国门禁社区的空间有如下与异托邦空间相似的特征。首先，以一个开合的系统同时形成隔离和穿透，这表现在有门卫把守的大门，贯穿的视觉轴线和在空间构型上疏远周边城市空间的同时又倾向于将人流引入；第二，具有在一个真实的场域内并置彼此不协调的各异空间和场所的力量，这表现在不同的建筑风格、不同住宅类型和不同形式的园林设计在同一开发项目中的并存；第三，相对于外部城市空间，内部呈现为一种空间错觉，但同时是另一种真实的空间，完备、细致和整齐，类似于一种侨居地。总之，与20世纪60年代作为共产主义乌托邦空间的城市人民公社相对，新时期的门禁社区规划设计是一种福柯式的异托邦建构，被用来满足或实现新兴中产阶级对于美好生活的想象或者说是中国版本的"美国梦"与"花园城市"理想。

8.3 中国式城市人居的政经建构

首先，门禁社区规划设计可以被看作是产权和设施分配新私有机制的一部分。更确切地说，大门和围栏被用来界定共同消费群体的集体产权。伴随着对邻里公共设施提供的减少和转化为面向城市公共领域的设施，门禁社区成为不同于小区规划设计所营造的自给自足的邻里单元，而成为共同消费群体的独立城市居住单元。

---

[1] Foucault, M. Utopias and heterotopias. Rethinking Architecture: A Reader in Cultural Theory. N. Leach. London, Routledge, 1997.

在美国，门禁社区作为一种集体生活的形式在某种程度上与旧有的在私有土地上拥有独户住宅的美国梦相矛盾。而在中国，门禁社区可以看作是对旧的集体生活形式的一种再造，成为一种新的集体生活形式，在售楼广告中被标榜为"后集体主义"。不同于 1978 年以前建设的小区规划设计对于传统的家庭财产观的打破，这种所谓的后集体主义倾向于恢复对于财产的家庭观。这具体表现为独户住宅重现为私有的高端产品，所能提供的独享的地下车库出入口、为公寓楼提供的入口大厅和减小户数与电梯的比率等更强化和顺应了这一观念。

第二，伴随市场运作和居住环境的商品化，门禁社区规划设计在其中起到了刺激住房消费和汲取剩余价值的作用。与其他形式的城市消费一样，产品差异化是重要手段。例如，在美国许多购物中心通过开设国际美食广场来推销多元文化体验，尽管事实上食品的制备是标准化的，但这种方式可以仅就食品外观的差异化就能够创造附加值。[1] 按照这个例子的逻辑，就不难理解为什么在门禁社区规划设计中存在建筑风格和居住品质差异化的营造，为什么在居住建筑的简单成排布置与建筑和景观国际设计合作之间存在关联。不过，与建筑风格和品质选择的多样化相对的是，门禁生活则成了不二的选择。

第三，门禁社区规划设计重新界定了公私领域的关系。对于传统住区，公共领域是由四合院所设定的私人领域直接界定的。在 20 世纪 50 年代的小区规划设计中，私人领域与公共领域之间的密切联系仍在一定程度上维系着，只是在其间产生了半公共领域。在之后的小区规划设计中，私人领域与公共领域之间的分离日益明显，在建筑组团中出现了额外的空间层级。在门禁社区规划设计中，公共领域和私人领域之间的中间层级被合并成一个私人控制的俱乐部（会所）领域，与此同时，在公共领域与俱乐部领域之间却形成了明确界限。从另一个意义来说，半公共领域和建筑组团所界定的领域似乎被私有化了。因此可以说，伴随城市转型住区开放空间的公共性已进一步降低了。

最后，就经济高效与低效的问题就曾有学者提出，因各个门禁社区重复提供相似

[1] Christopherson, S. The Fortress City: Privatized Spaces, Consumer Citizenship. Post-Fordism : a reader. A. Amin. Oxford, Blackwe. ll, 1994: 409-427.

设施而造成经济上低效的疑虑。[1] 不过，依据本书实证研究的结果，提供何种设施实际上会受到市场需求和经济可行性的驱动，因此实际上门禁社区规划设计可以做到在一定程度上突破了规范的限制并遵循"市场优化"而达成邻里设施配给的经济性。同时，考虑到当地条件，门禁社区规划设计往往通过增加容积率和商业设施的功能混合，趋向于提升土地使用的经济效益，当然，在某些特殊案例中为了以独户住宅居住或显示主人的尊贵身份也出现了减少土地的混合利用的倾向，但这终究非主流。

如果一定要探寻其在经济方面的低效率，有门卫的大门不能够对人员的进出进行严格的控制则是一种低效的表现。显然这时为居民对门卫和大门门禁设施等的经济投入换来的是虚假的安全感。同时，社区出入口数量的减少和空间构型对进出人流的汇聚会加剧交通拥堵和随之而来的不便，特别是当人们在同一时段去上下班的高峰时段。另外，从小区到门禁社区，公共设施的布局没有充分利用街道构型整合核心的拓扑优势可以被看作是一种连续的低效。门禁社区所提供的会所在实践中真正经营效益好的并不多，往往只是成为品位的一种象征和开发商销售策划的一部分，对一般物业管理住区来说建设会所有浪费、奢侈之嫌。最后，住区周边道路可达性趋向于进一步减小可能会造成居民对沿周边道路设置的公共交通和商业设施使用的不便，从而造成在公共交通使用和"人流经济"上的低效。

8.4　中国式城市人居的社会建构

在中国社会进入重大转型时期，社区建设将成为保持正常社会秩序的一个重要手段。作为对城市人居形态的回应，门禁社区规划设计将有助于形成对维护社会秩序起到至关重要的作用，提供相应的物质基础条件。在社会空间层面，门禁社区规划设计与计划经济时期的小区规划设计采用的都是"对应模式"（correspondence model）的社会空间组织方式，即"空间集聚"（spatial groupings）与"跨空间集聚"（transpatial groupings）的属地对应。但不同的是，小区是建筑组团与具有职业相似和社会经济地

[1] Miao, P. "Deserted Streets in a Jammed Town: The Gated Community in Chinese Cities and Its Solution." Journal of Urban Design. 8(1)2003: 45-66.

位相对异构的居民相对应；门禁社区则是由大门与围栏界定的俱乐部领域与由不同职业和社会经济地位接近的居民相对应。

就空间构型而言，传统住区和小区规划设计更倾向于创建树状层级结构，作为城市更大层级结构的延伸。相比之下，门禁社区规划设计更趋向于营造"根状茎"结构，形成与城市结构反向的内部整合集中。这可以看作是管理权力下放的一种体现，通过对社会分子化的反作用可能会有助于邻里社区的形成。

除了作为重要手段的社会空间组织，具有视觉冲击力的象征性轴线的运用同样被用来维持社会秩序。一方面，象征性轴线通过诱导适当的行为被看作是一种社会监控的工具，另一方面，象征性轴线成为居民授权的一种表征，或者说，权力被铭刻在局部的空间形式中。

当购房者被"打包"置入门禁社区形成新的社会空间划分之时，新的社会关系便随之出现。以前，小区规划设计是被用来维系一种平均主义的社会关系，而如今，像传统住区一样，门禁社区成为分化的社会的载体。这些分化体现在住房和设施质量的差异和街道构型上结构性差异的增加。通过对所形成的差异化空间的消费，社会个体可以建立基于相似性或差异性的与他人的关系。

不同社会群体之间的社会整合与隔离关系的形成是通过虚拟社区的空间建构或者是不同社会群体之间共同存在的模式而实现。

关于门禁社区规划设计的具体意义，可分列如下：

第一，门禁的设置在一定程度上会对居民与非居民通过时空共存而形成的社会整合造成阻隔。同时，居民与在社区内部从事服务工作的人群，如物业人员、保姆、清洁工等，会形成一定程度的时空共存。这是一种社会经济共生模式，其可能会为通过经济整合形成社会整合而创造条件；

第二，沿周边城市道路设置的商业设施和公共交通在理论上会成为居民与非居民之间相遇共存的场所，不过门禁社区在空间构型上更倾向于抑制居民使用这些地方；

第三，门禁社区规划设计倾向于支持以汽车为导向的生活方式，这主要是通过大量提供地下车库，以及沿周边城市道路设置的车库出入口和在空间构型上使与车库出入口连接的道路具有高可达性来体现。其结果是在居民与非居民之间形成一种在本前

第二章所提及的"隔离的时空轨迹"。换句话说，居民从家门出来后可以完全不用踏上住区内外的地面街道，因此也就在时空行进中形成与非居民的完全的面对面隔离；

第四，门禁社区规划设计的结果是减少周边城市道路的使用，由此必然不利于城市空间活力的提升。同时，由于相对处于社会上层的群体对于城市街道使用的减少，很可能造成对那些以与门禁社区居民的微观经济活动为依托的农民工（例如，小商贩）的社会生存活动的消极影响；

第五，由于门禁社区规划设计倾向于分离内部人流活动与主要的总体进出人流活动，可能会导致成人与儿童之间的界面破裂。因为成年人倾向于使用整合核心空间进出社区，而儿童作为空间的挖掘者偏爱使用那些与整合核心分离的整合度相对低一些的空间。

最后，与前述几点不利于社会整合的结论相反，采用门禁社区规划的结果会将学校、会所乃至幼儿园等设施转换为公共领域的设施，能为城市不同住区的居民提供更多相遇共存的场所，因此可能会在更大范围内有利于增进社会整合的可能。另外，在门禁社区中将独户住宅与集合住宅混合设置，也会在一定程度上增加住区不同阶层居民的社会混合程度。

结　语　可持续城市住区营造的未来

在西方以资本主义为主体的社会背景下，既有的主流城市文化注重创建开放可达的城市空间，具有活力的城市街道和邻里社会交往的多样性。因此，门禁社区的营造往往被视为是对既有城市文化的挑战，甚至是威胁，因此争论一直不断，门禁社会并未成主流。不过，在中国的社会历史环境条件下，门禁社区作为市场化转型下私有住区形态的一种选择似乎并没有产生市民参与的缺失和与注重"属地管理"的既有城市文化之间的抵触。但是，不能就此而回避对这种形态模式在中国实践中可能和已经发生的矛盾与问题的反思，对于未来住区形态发展的探索仍然是一重大课题。

当今世界，城市的可持续发展已成为时代的主旋律和城市规划设计的目标。因此，对于城市住区的规划设计，其主要目标就是要使所营造的住区形态能够有效支持城市在环境、经济和社会三大方面的可持续发展。也就是说，在环境方面能够促进生态环境的建设与保护，创造舒适的人居环境；在经济方面能够促进经济的良性发展，节约资源与能源；在社会发展方面能够支持社会融合、公正与和谐发展。

如果以城市可持续发展作为对本书所列举案例，以北京为代表的中国门禁社区规划设计的评价出发点，可以看到当下的门禁社区规划设计对于城市可持续发展而言所表现出的二元矛盾性。就有利的方面而言，通过营造更具安全防护、社会管制且世外桃源般或主题公园般的居住环境，将会有助于居民的社区意识、集体身份和归属感的建立，这对于社会转型期社会秩序的安定维护和保证社会可持续发展有相当的积极作用。同时，门禁社区为作为正在成为社会经济支柱的中产阶级在拥挤的都市环境中提供了算不上诗意但可以得以安居的栖息地，无疑这是对经济的可持续发展的一种保证。此外，门禁社区通过提供更高品质的绿色生态人居环境（这也是当前中国住区建设的一个热点），则有益于城市生态环境的建设。

就不利的方面而言，首先，门禁社区的形态不利于城市活力的塑造与提升，因此对于城市微观经济活动的发展会产生一定负作用。尽管门禁社区的模式可通过刺激住房和汽车消费对于宏观经济的发展有所拉动；第二，在城市资源的使用上存在弊端或浪费。这表现在住区公共设施的空间布局不利于被充分的使用，高成本的人工监视取代了自然监视，还有就是高建筑容积率低人口密度的开发模式在为开发商赚取更多剩余价值的同时，会造成城市建设对农田绿地的进一步侵占，因此不利于城市大的宏观生态环境的保护；第三，由于门禁社区的封闭式超级街区形态会阻隔城市交通、减小城市路网密度、汇聚区内进出人流形成梗阻、支持以汽车为导向的生活方式而不利于公共交通的使用等，由此会加剧作为城市病的交通拥堵问题，造成人们日常工作生活的不便，这对于社会经济活动的高效运转会带来不利，同时也会造成城市环境的恶化；第四，门禁社区的模式会抑制不同住区居民间的自然社会交往，会造成对社会底层社会的不利，因此在城市的微观尺度上不利于社会的整合。同时，住区建筑、设施和环境品质的差异化会在一定程度上加剧社会的分化，这也将不利于社会的和谐发展。

　　总之，中国门禁社区的封闭式"超级街区"形态是一种应时的选择，能够为当前城市的快速发展提供基本保证，但并不是适应城市长远发展的最佳选择。现在已有一些中国的专家学者认识到了门禁社区的问题，对于住区的城市意义进行反思，并借鉴国内外的理论实践经验对中国城市未来住区形态的发展做了相应的探索。如今，开放住区、街坊式住区和混合型住区已成为了学术界话语的新热点词汇，这在某种意义上似乎是对 20 世纪 50 年代的开放的街坊式住区形态的一种回归。

　　从建设实践考察，可以看到一些开发商在大盘开发的过程中也已意识到住区形态与城市互动的意义，并做出了一些有益的尝试。[1] 如较早的深圳万科四季花城，建筑采用在欧洲城市常见的网格化街坊式布局，每个街坊设有严格的门禁措施，但在整个住区层面只对外部车辆进行严格的门禁管控，而不限制行人的进出。通过后评估，发现这种模式虽然在一定程度上增进了住区的城市活力，但是由于没有城市交通的引入，其内部的商业街在经营使用上仍存在着问题，而且住区对于城市交通所带来的压力也没有得到解决。因此，在后来的住区开发中，万科开始注重住区与城市的互动系统研究，形成了"居住环境区"与"生活次街"的组织模式。就具体形态来说，就是控制城市交通禁行区域的规模，以减小对城市交通的阻隔作用，在其内部形成不受城市交通干扰的对慢行交通开放的居住环境区，在居住环境区内则可采用不同形式的门禁建筑组团，同时在居住环境区之间的城市支路上沿街集中设置商业等公共设施，并引入公共交通，以形成所谓的生活次街，成为住区与城市连接的纽带。

---

[1]　杨靖，马进（2008）. 与城市互动的住区规划设计. 东南大学出版社.

万科的实践探索可以说是对门禁社区形态的一种改良（又具备了小区模式的一些特征），在保持其对城市可持续发展积极方面的同时，试图减小其不利方面的影响。当然，对于未来可持续住区形态的探索并不止于万科模式。目前已有一些国内外较为普遍接受的指导性原则，如紧凑、高密度、多样化、混合使用、绿色交通等。这些原则共同的核心问题是如何在有限的发展空间内，合理高效的利用土地空间资源和组织顺畅交通体系，以实现城市住区功能的复合提升。

最后，针对当前门禁社区的问题，在此可以提出几点比较明确的发展方向与大家共商。一、控制由城市交通限定的城市街区的用地规模，避免超级街区的形成，从城市交通规划的角度 250×250m 的街区尺度基本能够满足对路网密度的要求，也能够使居民在舒适的步行距离内抵达周边的公共设施；二、随着城市化程度和人口流动性的提高，以"属地管理"为基础的社区建设模式能够达到的基层整合效果将越来越减弱[1]，因此在规划设计上应该考虑突破门禁所划定的区域，让不同住区的居民在更大程度上能够分享城市公共资源；三、要将住区的空间结构纳入城市空间结构体系中去考量，将其建立在科学的研究基础之上而不是分离；四、空间形态上的变化需要与规划政策和管理机制上的变化同步进行，尤其是政府和开发商要对城市公共资源的建设承担更多的责任。

可以预见伴随城市的发展和新的城市转型的出现，现实还会向我们提出新的城市住区形态的问题，例如当前大量针对低收入者的保障房建设是否同样可以采用门禁社区的形态等等。但不论出现何种问题，城市住区形态的演化还将继续，而可持续城市住区的未来也必将会受到既有物质和意识形态和规划设计话语的影响，中国的城市住区形态也最终取决于市场力与政策力之间的博弈和城市人居的"公共空间进程"与"居住进程"的平衡。

---

[1] 黎熙元，陈福平．社区论辩：转型期中国城市社区的形态转变．社会学研究，2008 年 02 期．

致　　谢

　　这本书能够出版，在这里首先要感谢我的家人，是他们的长期支持促使我能够坚持将这本书写完。当然这本书的形成也离不开很多在我探究思考过程中给予过帮助的导师和同仁。感谢英国伦敦大学学院的比尔·西利尔教授、朱利安·汉森教授和菲利普·斯特德曼教授，是他们带领我走上了对这一专题探究之路。感谢白德懋老先生给予过的指导，还要感谢对这本书的研究给予过帮助的北京中联环董事长刘光亚先生，中国建筑设计研究院的文兵院长和刘燕辉总建筑师，北京维拓时代的任明总建筑师，方略建筑设计的杨楠先生，北京工业大学的戴俭教授。最后，还要感谢本书的责任编辑郭洪兰女士在出版过程中给予的大力支持和帮助，在此向所有帮助过我的人致以诚挚敬意和衷心感谢。